U0161482

文明的味蕾

华夏饮食的文化根脉

白玮　著

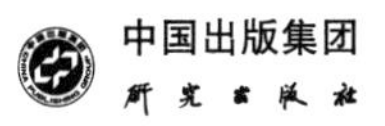

图书在版编目 (CIP) 数据

文明的味蕾：华夏饮食的文化根脉 / 白玮著. --北京：研究出版社, 2022.7

ISBN 978-7-5199-1243-7

Ⅰ. ①文… Ⅱ. ①白… Ⅲ. ①饮食—文化—中国 Ⅳ. ①TS971.2

中国版本图书馆CIP数据核字(2022)第074545号

出 品 人：赵卜慧
出版统筹：张高里　丁　波
责任编辑：安玉霞

文明的味蕾：华夏饮食的文化根脉
WENMING DE WEILEI：HUAXIA YINSHI DE WENHUA GENMAI
白玮　著
研究出版社 出版发行
（100006　北京市东城区灯市口大街100号华腾商务楼）
北京中科印刷有限公司 新华书店经销
2022年7月第1版　2022年7月第2次印刷
开本：880毫米×1230毫米　1/32　印张：11.625
字数：230千字
ISBN 978-7-5199-1243-7　定价：68.00元
电话（010）64217619　64217612（发行部）

目 录

自序 | 一盘菜里读中国

/ 1 /

餐桌上的一盘菜，一碗面条，并不仅仅只是愉悦舌尖和果腹这么简单，在它的背后，蕴含着博大精深的中华文明。只是它们一直都淹没在浩瀚的历史典籍深处，淹没在中国绚烂华丽的菜肴背后，过去我们只顾一路欣赏和品味中国美味佳肴物质层面的繁华和芳香，而忽略了上升到华夏文明层面对中国传统饮食文化的发掘和建构。

早在商朝时期，厨师出身的伊尹在和商汤讨论国事时，就从日常的美味烹煮、五味调和延伸到治理国家的大道上：“调和之事，必以甘酸苦辛咸，先后多少，其齐甚微，皆有自起……”在论述了饮食的调和之事后，他将调味之道引申到了天子的治国之道上："天子不可强为，必先知道。道者止彼在己，己成而天子成，天子成则味具。"

治理天下和调味是同样的道理，等到了成为天子的那一刻，就像一盘菜的味道具备了一样，一切就都水到渠成了。道家的创始人老子也同样抱有这样的饮食主张。他说："治大国若烹小鲜。"一句话就把治国的大事举重若轻地和烹饪小鲜这样的微末之事联系起来。

不唯道家，儒家的创始人孔子更是承袭了这一思想。过去，我们只注意到了孔子在《论语·乡党篇》中所倡导的"食不厌精，脍不厌细"理论，并以此来判定孔子也是个美食家。其实，孔子关于饮食的真正思想体现在他的"礼"上。在《礼记·礼运篇》，孔子曾说"夫礼之初，始诸饮食"。最先的礼，都是从饮食开始的。作为儒家的核心思想，礼就是孔子所倡导的"道"，就是儒家想要建立的道德规范、典章制度和社会秩序。

可见，在儒家这里，不仅将饮食和治理国家联系在一起，还把它和世俗的一套社会规范联系起来。儒家思想上升为国家的治国大道后，这一理念遂构成中国两千年来民生饮食文明的核心价值观，并一直渗透在我们日常的饮食生活中。

/ 2 /

从古至今，中国人对于食物的心态无疑是复杂的，在传统中国文化里，中国人的饮食实则融入了各式各样的价值判断。因此，论及中国人饮食背后厚重的饮食文明，庞大而复杂到几乎无法言说。

一方面，数千年来，饥饿自始至终都是笼罩在生民之口上的阴影，中国的历史，几乎也可以说就是一部生民与灾难和饥饿抗争的历史。历朝历代，所有的民生孜孜以求的基本上都是在为求得温饱而艰难挣扎。

食物就是政治，食物就是最大的民生！

在这样一种背景下，对食物的情感，基本构成了中国民生所有的饮食文化心态。所以，作为一个个王朝民生政策的谋划者、参与者和生活的亲历者，当一个个读书之人在朝堂之上激辩起安邦定国之道时，都难以回避地要论及生民的口粮人生。而与此同时，“哀民生之多艰”的生活现实和对下层民众的悲悯与关怀也会自然而然地反映到他们的诗词文章中。

活着！有饭吃！这是中国人对食物的基本心态。

另一方面，尽管中华文明史一直是延绵的，但由于历史上频繁发生朝代更迭，加之王朝主导者的族群也各有不同，导致中华的饮食文明并不是一条直线顺流而下，有时还发生了某种割裂。不同族群饮食习俗、饮食观念和饮食情趣的不同，也使得不同王朝和政权的饮食文化产生了截然不同的变迁。上一个朝代对一些食物的某种审美情趣可能在另一个新的朝代突然就消散而去。正如今天的我们，似乎已经很难从眼前的餐桌上复述历史菜肴的格式。更让人遗憾的是，即使面对同一种食物，因为朝代的不同，一个朝代的人们也很难触摸到另一个朝代的人群对这种食物细微的心理反应。

再一方面，中国人对于食物的观念认知并不只是单一的吃食那么简单。在漫长的民生长河中，它融入了黄老道家、儒家、法家、阴阳家以及五行家等诸子百家、各个思想流派的见解和认识。同时，又因为“药食同源”的原因，又融入了中医家、养生家、炼丹家以及方士和术士的饮食观念。加之后来佛教的传入，中国人的饮食观念里又融入了各式宗教的食物味道和主张。

这些复杂的饮食心态和不同区域的族群饮食风俗结合在一起，汇聚成了庞大而繁杂的中华饮食文明体系。

/ 3 /

中国人的饮食结构又是极度驳杂的。

一方面，正如我们前文所说，因不同族群的纷争而导致的朝代频繁更迭，使得中国的饮食结构也变得日趋复杂和叠加。历史上无数次北方游牧文明的南下和中原生民的大批南渡等，像多米诺骨牌一样造成生民们的广泛迁徙。流动的人口也直接带动了食物的高度流转和融合。到封建王朝后期，一桌之上，百般滋味，相互调配融合，从一盘菜肴的外表，已经无法分辨菜式的南北了。

另一方面，因东西方的大规模交往，也使得中国人的食物发生结构性的变迁，甚至是颠覆性的变革。历史上的张骞西域之旅和郑和下西洋等，都给中国人的餐桌结构带来极大影响。尤其是后来的“大航海时代”，更是直接带来了食物的全球性大交换。中国人餐桌上的吃食几乎在一夜之间就进入了一个完全陌生化的场景之中。

然而，历史总是不经意地给我们留下启示，在纷繁复杂的饮食表象背后，其实都有一个共同的标的：那就是如何使生民们幸福地活着，并在此基础上获得安详和欢乐！

故此，回到本质，中国人的饮食文明内核就是“天”与“和”——以天为道，以和为美。一个是为了求得生存的食物；一个为了从食物中获得快乐。

这是中国社会饮食文化心态的根本所在，也是饮食之所以能上升为文明的核心价值，同时也是我们写作这本《文明的味蕾》的逻辑起点。

白　玮

2022 年 3 月 8 日于北京

第一章

华夏民生的饮食寄托

说起中华的饮食文明，就不能不说中国的天。

在中国人的世界里，天究竟是像口锅一样罩在我们头顶上的空间，还是从我们的日历上一页一页撕下的时间？

它是一个由日月星辰、风雨雷电组成的具象事物，还是一个由四时轮转、季节变换组成的天象规律？

天，作为中国生民的共同寄托，它是独立于人意志之外，本身就具有是非善恶判断的天道法则？还是它自身并无意识，而是人类将自身的意志附着其上，将之升华为天的意志并名之为天之道的人间法则？

天，这个简单而又复杂的概念，是怎么和我们的饮食生活连在一起，并怎样影响着我们的生存状态的？

吃饭，最大的政治

只要翻一下中国人口的变迁史就能发现，历朝历代，中国的生民一直就在饥饿的边缘挣扎。可能是这个民族被连年的饥饿饿怕了，所以，自始至终，即使到今天也把吃看得很重，吃成了民生话语和民生生存中最核心的元素，几乎一切的物事都能和吃挂上关系。

而最为人所熟知的就是这句“民以食为天”。

那么，怎么来理解这句话中的“天”字呢？它是天理的天？还是天下的天？还是天大的事的天，抑或是天地的天？或者是天时的天？

在这个天的背后，又蕴含着怎样的民众心态和大众文化心理？

欲弄明白“民以食为天”的含义，得先考察这句话的来源，它是怎么来的呢？

/ 1 /

这句话最早出自《史记 · 郦生陆贾列传》，是刘邦的谋士郦食其根据当时楚汉相争的局势，为刘邦定的计谋。

话说当年秦朝灭亡后，刘邦和项羽争霸天下。刘邦联合各地反项力量，据守荥阳、成皋。荥阳西北有座敖山，山上有座小城，是秦时建立的，因为城内有许多专门储存粮食的仓库，所以被称为敖仓，它是当时关东最大的一个粮仓。

在项羽猛烈的攻击下，刘邦原本计划后撤，把成皋以东让给项羽。刘邦想听听郦食其的想法。

郦食其献计说：王者以民为天，而民以食为天，楚军不知道守护粟仓而东去，这是上天赐予大王的好机会啊！如果我们放弃成皋，退守巩、洛，把这样重要的粮仓拱手让给敌人，这对当前的局面是非常不利的啊！希望您迅速组织兵力，固守敖仓，一定会改变目前不利的局势。

刘邦依计而行，果然取得了胜利。

郦食其的思路非常清晰，那就是，粮食意味着天下，有了粮食也就意味着得到了天下。

/ 2 /

郦食其之所以能说出这样一句名言，显然不是凭空而造的，他也是根据历史上无数生民对粮食的渴求总结出的普世规律。没有食物，人类就不能存活，而对于一直在生存线上苦苦挣扎的中国先民来说，他们获取食物的方式更为艰难。所以，有了食物，就意味着可以得到万民，由此也可得到天下。故此，在听说项羽弃粮仓而去时，郦食其才发出了这样的感叹："此乃天所以资汉也。"

行使王道，天之为天的根本，就在于为生民谋取口粮，这不仅仅是谋士郦食其献给刘邦的王道，也是历代王朝行使王道的普遍逻辑。

从古代的典籍记载来看，民以食为天的基本原则应该在舜帝时代就已经正式确立了。

舜帝叹息着对十二州的州牧说：只有衣食才是百姓的根本，因而重要的在于颁布历法，安抚远方的臣民，爱护近处的臣民，并按照他们的意愿去处理政务……只有这样，边远地区的民众也才能够顺服。

紧接着，舜帝又对大臣弃说：弃呀！现在百姓苦于没有饭吃，你担任后稷这项职务吧，教导百姓种植庄稼，获取食物。

根据史料显示，后稷，乃是周朝的始祖，姬姓，名弃，出生于稷山（今山西稷山县），被称为稷王（也做稷神或者农神）。稷王曾于稷山南陲的山中教民稼穑，后称此山为稷王山，属晋，汉为河东郡闻喜县地。

其母为帝喾高辛氏元妃有邰女姜嫄，出生于古邰城，在今陕西武功县西南。在尧帝时代，弃曾被尧举为“农师”；舜帝时代，被舜命为后稷。后稷教万民学习稼穑之事，被认为是最早开始种稷的人。

后来，这个稷和社连在一起，组成社稷一词，遂成为国家的象征。其实，根据更为久远的古老传说，早在神农氏时代，神农炎帝就已经开始教育万民如何种植五谷，获取粮食了，所以，炎帝又被称之为神农氏。

按照传说时间的先后顺序，这个后稷可能就是一个庄稼能手，类似今天的农业技术员，他并非第一个发现五谷嘉禾的人。

自此以后，五谷就成为国家的根本，更是王道的根本。

/ 3 /

到了周代，稼穑和饮食之事更成为国家的八政之一。在《尚书·洪范》一章中，当周武王问政于商代的遗老箕子如何行使王道时，箕子将“食”列为八大治国策略的首位，这八项治国策略的顺序就是：一是稼穑，生产粮食；二是货物的交换和贸易；三是祭祀之事；四是生民的道路交通；五是教化万民；六是司法；七是宾客接待事务；八是军务。

作为儒家的重要经典之一，自从儒家思想上升为王朝的治国理念，儒家的价值观念就主导着一个个王朝治国理政最根本的政治逻辑。其实，从中国历史的发展脉络来看，不止儒家，诸子百家各门各派，都把民众的吃饭问题作为重中之重。也就是说，从三皇五帝开始，直到今天，民众的吃饭问题始终都是国家的头等大事。

天，民生饭碗之本

中国人为什么要把饮食比作天？

它是物质的，还是精神的？它又怎样构成了我们赖以生存的世界？又是如何影响和决定着我们日常的饮食生活的？

/ 1 /

第一，从字形释义上来说。

东汉时期的许慎在《说文解字》中给天的释义是：“天者，至高无上也。”到了汉代，关于天的世界观和天崇拜、天信仰、天图腾，早已在中国人的世界观中基本定型，许慎的释义只是对古人认知的一个概括性描述，并未解答关于天的本源问题。

而从最初的造字结构来看，甲骨文和金文中的天，本义为“头”，后引申为“天”，因为不管是头还是天，两者都是至高无上的。

总之，不管古人怎样释义，在中国先民的心目中，天的至高无上地位早已确立。

第二，从空间上来说，也的确如此。

人立于大地之上，脚踩着大地，同时，人又生在天空之下，天空就在头顶，天、地、人三者之间构成一个立体的空间体系。因此，中国的先民便以此为基础创立了天、地、人“三才理论”体系，后来，“三才理论”便成为中国古代哲学思想的核心理论。

从这个角度上来说，我们实在不应该给予“杞人忧天”以嘲笑和调侃，恰恰相反，它反映的正是古人对生存困境和生存状态的一种忧思。如果说起来，这种隐忧意识和盘古开天、女娲补天的思维模型同属一脉，应该算是最早的存在主义哲学发轫。

第三，从物理意义上来说，中国人心目中的天又都是具体的事物。

这个天包括日、月、星、辰和风、雨、雷、电等诸多非人力所能理解和控制的一切事物和自然现象。这些事物和现象直接决定着生民的具体生活。

日月交替，构成白天和黑夜。中国的古人日出而作，日落而息，他们完全遵照日月的运行节奏来生活，并按照太阳和星辰的方位和变化来辨别方向、建筑房屋、从事稼穑、生火做饭，占卜吉凶。

日月星辰和风雨雷电的每一次变化都直接影响着他们每天的生活。在他们的心目中，天就是具体的太阳、就是月亮，就是星星和雷电这些可以看到真实存在的天象。

第四，从时间概念上来说，中国人的天又是日子和年月。

古人根据日影的变动来确定时辰，所以，民间有日上三竿之说。他们把太阳从白天到黑夜的轮换叫作日子，把月圆月缺的一个周期叫作满月。同时，又根据太阳和月亮的运行规律，把太阳和月亮一个大的循环期叫作年，并以此为基础制定了中国的年、月、日的历法。

而“年”字本身就和庄稼有关，“年”字最早的写法是一个人背负成熟的禾的形象，表示庄稼成熟，即“年成”。古时候所谓的“年成”指的就是这个意思。

因此古代的字书都把“年”字归在禾部系。由于谷禾一般都是一岁一熟，所以“年”与岁在日期数量上有相同周期了。[①]

在此基础上，中国的古人又确定了四时，就是我们通常所说的春夏秋冬的四季变换，同时，为了遵循四时变换的节奏种植庄

---

① 《尔雅 · 释天》:“夏曰岁，商曰祀，周曰年，唐虞曰载。”郭璞注：岁，取星行一次；祀，取四时一终；年，取禾一熟；载，取物终更始。《邢昺疏》:“年者，禾熟之名。每岁一熟，故以为岁名。”

稼，他们又创立了二十四节气，再往下，又创立了七十二候。并成为一种文化遗产一直延续到今天。

这一切，根据古典文献的记载，早在尧帝时代就已经按照这种节奏来生活了："乃命羲和，钦若昊天，历象日月星辰，敬授民时。"

尧帝嘱咐大臣们要恭敬谨慎地遵循上天的旨意行事，根据日月星辰的运行情况来制定历法，以教导人们按时令节气从事生产活动。

另外，他又命令羲仲，住在东方海滨，恭敬地迎接日出，以此辨别测定太阳东升的时刻，以昼夜平分的那一天来确定春分，并以鸟星见于南方正中之时作为考订仲春的依据。这时，人们都分散在田野开始劳作，鸟兽也在此时开始生育繁殖。

……

尧帝还让大家把三百六十六天作为一个周期，剩下的天数，每三年设置一个闰月，以推定春夏秋冬四时而成岁。所以，在中国古人的心目中，天又是一个时间的概念，而这个时间，恰恰正是农时的概念，即耕种稼穑的时间。而稼穑之事的本来目的，也正是为了获取食物。

其实，从本质上来说，不管是从空间意义上，还是物理意义上，还是时间概念上，还是农时概念上，这一切的概念认知其实都是为了食物，为了存活。

天既然这么重要，同时又是人力无法控制的，而且人们又必须遵照天的节奏来作息、稼穑和生活，天在中国人的认知体系中被不断神格化。

/ 2 /

正是由于上天拥有了不被人掌控的运行之力，所以，在从空间、物理和时间等多层面对天的认知的基础上，在中国人的价值体系中，天逐渐被上升为一个超自然、超能力的高度存在。

随后，天又作为一种超自然的力量深入中国人的精神世界中，被演绎升华为一种抽象的理论体系，构成了中国人的上天崇拜系统，最后生成了一套独特而庞大的中国式的天文化。

关于上天的神格化和人格化，由于历代的经典古籍和包括儒家和道家等各家各派的大师都有过详细的论述，在此我们不再一一论述，我们只从民间的角度简单列举他们对上天的基本共识。

在中国的民间，上天是作为万民精神层面的终极依靠而存在的。一旦遇到非人力所能解决的困苦，人们都寄望于上天的庇护，渴望得到上天的保佑。此时的上天，就是万民最终的精神家园和精神支撑。

如果一旦遇到人间的是非善恶，人们又会寄望于老天有眼，苍天在上，人间自有公道。此时的天就是正义、公理和善良的化身，他主持着大千世界的善恶，让假的、丑的、恶的、坏的都会得到惩罚，让良善和弱者得到保护和爱护。有时在人间得不到公平时，人们又会抱怨上天不公，此时对上天的抱怨不是指责，更多的是一种倾诉。

在最后的精神层面，天被赋予了终极裁决的最高决断权，主宰着万事万物的存亡和运行。天就是人间一切事物的法理，它不但有着至高无上的权威，还象征着天地间的正道。如果在人间有人违背或者忤逆了上天的意志，破坏了天理，上天就会降下灾祸，而且，这个灾祸会随着人的地位的高低而变化。地位越重要的人犯下的错误越大，上天给人间带来的灾祸的时间就会越长。这就又上升到了“天人感应”的层面，而天人感应带来的最直接惩罚就是粮食的歉收。

其实，古代的人们就是在皇权至上的社会里，又在皇权之上加了一个普世的价值判断体系，这个判断体系就是天理。由于皇权过于强大，当世间的能量无法规范限定皇上的权力时，天道系统就会自发启动，它规定着即使皇权也要按照天的正道去行事。皇帝就是天的儿子，如果皇帝失道，上天就会代表着正道之力予以惩罚。

这就是汉代大儒董仲舒所主张的“屈君而伸天”思想，就是说，即使一国之君也要服从上天的意志，顺应于天才是王道之道，也是人间正道。同时，这个正道也恰恰是整个中国社会的共同法则。

正如《管子·形势篇》中所说的:“其功顺天者天助之，其功逆天者天违之。”

他要表达的主张非常明确，那就是:只要顺应上天的正道就能成功，而违背天道的则肯定要遭受祸患。

这就是过去的皇帝在颁布诏书时为什么要以“奉天承运，皇帝诏曰”来作为开篇语，同时也是当朝廷失道时，讨伐者总要打着“替天行道”的旗号进行讨伐的原因，因为只有这样才符合正道之道。

其实，这也是孟子所主张的“民意代表天意”的民本价值观。孟子认为:人可以通过修身养性，顺应天道行事，以争取得到正命;如果胡作非为，逆天而行，就得不到正命。

所以，在中国人的价值判断里，天理无疑意味着最高的社会法则，而这个法则从本质上来说，就是为了万民能有饭吃!

食物，天地的慈悲馈赠

上古之时，在人类处于通过采集和狩猎手段获取食物的时期，所有的食物主要靠天地的自然赐予。这是以“万物本乎天”为思想准则的中国人的基本共识。

《礼记 · 礼运》篇中所说：“昔者先王……未有火化，食草木之实，鸟兽之肉，饮其血，茹其毛。”

这是典型的天当房，地当床，皮毛作衣，以草木之实度饥荒的原始生活时期。他们根据草木果实的生长轮换来变换日常的食物——春天吃春天的果实，秋天吃秋天的果实，树木结什么样的果实，他们就吃什么样的果实，就如同今天的猴子，完全依赖天地的供养。在没有果实的冬季，则依靠围捕猎物聊以充饥。

北京山顶洞人的遗址很完整地记录了旧石器时期人类的生活。

但随着人口的增加和气候的转变，草木之实和禽兽之肉越来越无法供应早期先民们的日常食粮，正是在这一背景下，人类开始走向种植和养殖，农牧业就此诞生。

在古代的各种文献中，率领先民最早进入农耕时代的圣者就是中华的始祖之一神农氏，也就是炎帝。从各种有关神农氏发明农耕的神话、传说、记传材料来看，从一开始就充满了“天”的意识。

据晋代的《拾遗记》记载：“炎帝时有丹雀衔九穗禾，其坠地者，……乃拾之，以植于田。食者老而不死。”

也就是说，炎帝最先发现五谷之禾时，是受了上天的旨意，从一只鸟的嘴里发现了九穗禾，从而开启了中国的农耕文明，完成了人类发展史上伟大的农业革命。

而汉代班固的《白虎通义》卷一描绘得就更明白了：

> 于是神农因天之时，分地之利，制耒耜，教民农作。神而化之，使民宜之，故谓之神农也。

神农时期农业革命的发生是由于“人民众多，禽兽不足”，仅靠采集渔猎活动已经不足以支撑人类的生存和发展的需要，农业革命就成为人类生存的一种必然选择。在中国古代价值观中，这一切都充满了“天意”。

很显然，这一段文字清晰地标记了中国农耕文明价值观的基调，那就是“天时”。神农“因天之时，分地之利”的核心要素就是顺应天的时节变化，才进行了分地之利，从而产生农业。它决定着中国农耕文明的根本特征就是“靠天时而食”！从中国农业史的历程来看，过去也的确如此，数千年的中国农耕文明的现实境况从根本上来说始终就是靠天吃饭。

这就不能不说到中国的历法与农业的关系。

我国古代的天文历法，其根本来源就是在农业生产的实践中不断积累起来，又直接为农业生产服务的。在尧舜时期，就有关于羲和、羲仲在河洛地区观察日月星辰以定四时的传说，说明我国很早就有了熟悉天文、制定历法的专职人员。

故此，在某种意义上，天时就是农时，农时就是粮食。

《吕氏春秋》在“审时”篇表达得非常直接和充分：大地上的一切作物，虽然耕种者是人，但生它的是地，养它的是天。没有天，就没有庄稼的生长。

从这个基本价值观出发，后代的圣贤和帝王无一不把“天时”视为生民的最高原则，并以此确立了“以农为本，以粮为纲”的国家意识形态。这是中国几千年来颠扑不破的民生法则，无论朝代如何更迭，帝王如何变换，农本思想都是王朝的终极治国哲学，其他的都是“五蠹之列”。

即使到今天，在当代的语法里，农业仍然是第一产业，我们每年的国家一号文件，也都是农业文件！

顺应天时好吃饭

“不违农时”是中国圣贤们阐述治国方略、著书立说秉持的价值观。这一点，历代的经典文献比比皆是，贯穿整个文人士大夫的思想文脉。

在《周易》一开篇的《象》中，对乾卦这样释义道：“大哉乾元，万物资始，乃统天。”意思就是说：崇高而伟大的上天，是所有事物的造物主，世间万物都统属于上天。当春天来临，大地沐浴在春光里，万物萌生，天下方才得以安泰和美！

孟子也有意无意地对农时予以强调：“不违农时，谷不可胜食也。”并用相对应的反例继续补充说：“彼夺其民时，使不得耕耨以养其父母。”

他的意思是说，一个国家把百姓搞得不能按天时从事耕种，使他们不能通过农业生产来养育父母，一家老小挨饥受饿，妻离子散，使老百姓的生活陷入泥潭之中。王如果去讨伐他们，还有谁能够阻挡您呢？正所谓仁者无敌是也。

孟子在这里所表达的意思再明白不过，那就是让百姓按照农时从事农业生产，让百姓有饭吃就是最大的仁政！

其实，不唯儒家，其他的诸子百家虽然治国方略各有不同，但在“授民以时”的价值观念这一点却达到了空前的一致。

管子在《管子·禁藏》篇中就一再谆谆告诫：

夫为国之本，得天之时而为经，得人心而为之纪。

他想表达的意思是说，治国之本，天时为经，人心为纪。百姓赖以生存的，是衣服和粮食；食物赖以生长的，是水和土。所以，富民是有诀窍的，养民也是有标准的。

凡此种种，从各位先贤大哲的论述和告诫中我们都可以看出，古之生民以“天”为食的基本法则和“天时”思想。这也是中国古人之所以制定农历历法以及颁布月令规制的思想起源。其实，古人之所以这样做，都是为了表达一个基本价值观，那就是——顺应天时，才能有饭吃。

这就是中国的天地世界观，也是中国先民以天为食哲学思想的肇始。它奠立了中国农耕文明下的一切民生理论的基础，在此基础上，中华饮食文明才得以徐徐展开。

故此，在以后数千年的现实民生中，在生产力严重不发达的农事岁月里，生民们不管是灾荒之年，还是丰收之年；不管是因旱求雨，还是逢事祝祷，都要向上天献上他们最真诚的祭祀和祈求……

因为，生民们的日常饮食都是要靠天而食，正所谓，传统的农业文明都是要靠天吃饭一样。

万物有灵，致敬天地

我们不能完全确定古代生民最早的祭祀行为是不是从动物中体察而来，但在动物的世界中的确存在着各式的祭祀现象。

在久远的年代，古人的很多行为都是从动物的行为中直接模仿而来。

可能是动物的生存方式比人类的生存更接近自然，所以，动物们总能在气候变化之前最先做出各种反应。日积月累，人类也从动物身上发现某种自然规律，并借助仿生的手段从身边的事物和动物身上学会了某种生存本领。中国二十四节气中的七十二候大多都是和动物的日常行为和反应有关，它就是我们通常所说的“物候反应”。

在元代吴澄编撰的《七十二候集解》中，我们可以发现有两条是和动物的祭祀有关的。一条是雨水时节中的“獭祭鱼”；一条是处暑节气中的“鹰祭鸟”。

关于在雨水节气中的“獭祭鱼”,《七十二候集解》是这样说的：

> 雨水，正月中。天一生水，春始属木，然生木者，必水也，故立春后继之雨水。且东风既解冻，则散而为雨水矣。
>
> 初候，獭祭鱼。
>
> 獭，一名水狗贼，鱼者也；祭鱼，取鱼以祭天也。所谓豺獭知报本。岁始而鱼上游，则獭初取以祭。

雨水是二十四节气里的第二个节气。在这个节气中，立春之后，东风送暖，冰雪融化，水汽散于空中，凝结而为雨水。

雨水节气共有三个物候反应：一候獭祭鱼；二候鸿雁北去；三候草木萌动。

所谓獭祭鱼，就是当河水解冻之时，冰冻了一个冬天的鱼开始苏醒，它们都急切地浮游在水面，以迎接和感知春天的温暖。正是在这个时节，水獭趁着鱼的苏醒上浮，开始下河捕鱼。

此时就出现了一个奇特的物候现象，水獭会把捕到的第一批鱼很规则地摆在河边的岸上，并以双手合十的姿势在举行某种仪式后才食用。古人据此认为，这是水獭在向上天祭拜，以示感恩。

古人从水獭的这一行为意识到，连动物都会向上天祭拜，以感谢上天赐予的食物，人更应该向天地祭拜和感恩。这其实就是通过物候的反应来教化和指导万民，要常怀感恩之心，不能忘本，并由此升华为人类的道德意识。

正如余世存先生在《时间之书》中所述：在古人看来，在这个时节，如果水獭不以这样的方式祭天，意味着这一年会有盗贼。如果鸿雁不在这个时节归去，就意味着远方的臣民会有不臣之心。如果在这个时节草木没有萌动，更意味着庄稼和瓜果不会成熟。每一个物候都事关人类的现世生活。

这是先民在春天发现的物候反应，而当到了秋天的丰收时节，先民们也从另一种动物的反应上发现了同样的现象，这就是处暑节气中的“鹰祭鸟”。

关于处暑节气的物候，《七十二候集解》是这样记录的：

> 处暑，七月中。处，止也，暑气至此而止矣。
>
> 初候，鹰乃祭鸟。鹰，义禽也，秋令属金，五行为义，金气肃杀，鹰感其气，始捕击诸鸟，然必先祭之。犹人饮食祭先代为之者也，不击有胎之禽，故谓之义。

处暑时节，暑气退去，秋凉渐至，天地肃杀，草木收敛，五谷进入收获季。

这个时节，天空中的苍鹰因感受到天地肃杀之气，开始捕食鸟类。不过，它们也有一个明显的特征，就是捕杀的鸟类并不会立刻食用，也像水獭祭鱼一样，先把捕杀的鸟类摆放起来，进行祭拜，然后才进食。

古人据此认为，这也是苍鹰在向天地祭拜。在此还有一点需要特别说明的是，老鹰捕杀鸟类有一个原则，那就是尽管它很凶猛，但它不捕杀“有胎之鸟”。也就是说，对于那些怀卵和正在抚养幼鸟的母禽不予捕杀。所以，在中国的价值认知里，鹰又被称为“义禽”。

一个“义”字道尽中国传统文化的价值基准线。

《易 · 乾卦》说：“利物足以和义。”《说卦传》又讲：“立人之道，曰仁与义。”

孟子更将义上升为儒家思想的经典价值观：“生，亦我所欲也；义，亦我所欲也，二者不可得兼，舍生而取义者也。”

孔曰成仁，孟曰取义。“仁义”遂成为中国传统文化中最高的道德规范，同时，也主导着中国饮食逻辑的基本走向——连天上的飞禽在捕食的时候都知道讲义气，何况人乎？饮食虽然是人的天性，但在强烈的欲望的冲击下也要保持最基本的仁义，不该吃的绝不能吃。

一言以蔽之，古人就是通过这样的物候反应，来告诫和教化人民：感恩上苍，敬畏天地。这是中国传统祭祀思想的核心灵魂，更是中国饮食文化的核心要素。

饮食，从祭天开始

中国传统文化中的一切社会道德规范和法则基本上都是从上古之民在进食之时对天地的祭拜开始的。

《礼记·礼运第九》描述了先民把黍米和牲肉放在石头上烤炙而献食，在地上凿坑当作酒樽，用手掬捧而献饮。这一古老的祭祀行为告诫世人，获取食物不易，所以对天地要怀有敬畏之心，这是传统中国祭祀思想的核心。其实，对饮食的感恩意识不仅仅是中国文化的传统，也是整个人类共同的普世价值。

经过儒家的系统梳理和发扬光大，这种祭祀文化在中国的各个层面得到了广泛传承，并深入整个国民的血液中，历经几千年的岁月，一直延续到今天。

从今天北京的建筑布局中，我们依然还能看到这种祭拜传统的建筑遗存——以皇城故宫为中心，向四面延伸，一个个遗留的祭祀建筑物构成了旧时国家层面上的祭祀传统。

根据《礼记·祭义第二十四》的记载，城邦的建造都遵照“建国之神位，右社稷而左宗庙”，就是我们通常说的左宗右社。今天的故宫午门前依然保留着这一遗存。左边的宗庙就是今天的太庙，右边的社稷，就是今天的中山公园。

在今天的中山公园内，依然保留着一块“五色土祭坛”，按照东南西北中的顺序，供奉着五种颜色的泥土：东边是青土，南边是红土，西边是白土，北边是黑土，中间是黄土。五种颜色的土就代表着江山社稷，是国家的象征。

所谓社稷，就是土神和谷神的总称，社为土神，稷为谷神。班固在《白虎通义》中，对“社稷”有比较清晰的定义：

> 社稷，王者所以有社稷何？
>
> 土地广博不可偏敬也，五谷众多不可一一而祭也，故封土立社，示有土也。
>
> 稷，五谷之长，故立稷而祭之也。

土和谷都是民生的根本，所以，从一开始，土神和谷神也就成了中华农耕文明中最原始、最朴素的崇拜物。从本质上来看，它体现出来的核心指向仍然是古代先民祈盼食物能够实现丰裕的美好愿景。

在北京故宫的东南面，永定门的内侧偏东，就是天坛；在故宫的后面，则有地坛；在皇城的东郊，就是今天的朝阳门外，有日坛；在皇城的西郊，就是今天的阜成门外，还有月坛。

天坛是过去的帝王祭祀皇天、祈五谷丰登的场所。

地坛则是古代的帝王祭祀“皇地祇神”的场所。正所谓“祀天于圜丘，祀地于方丘”，以合天圆地方之意。

日坛则是过去的帝王祭祀太阳神的地方；月坛则是过去的帝王祭祀月亮神和天上诸星宿神祇的地方。在过去，春分之日祭大明之神，而在秋分之日的亥时（大约在 21 点到 23 点，古称“人定”）以迎月出。

今天的天坛也好，地坛也好，日坛也好，月坛也罢，其实都是明清两朝遗留下来的祭祀遗址。中国传统的祭祀文化从上古之时就已经开始，在周代或者说是先秦时代就已形成严格的体系。这说明，这一祭祀传统一直贯穿了整个中国历史的始终，不管是汉族当国还是其他民族执政，都延续着这一祭祀天地鬼神、日月星辰的传统。

也就是说，向天地祭拜，祈愿五谷丰登是整个中华民族共同的生活期盼和精神寄托。

按照《周礼 · 祭法第二十三》所记，古人对天地鬼神、日月星辰的祭祀，根据不同的祭祀对象，祭祀方法也各有不同。

在泰坛上架柴燃烧牲肉或玉石，这是祭天。在泰折上掩埋牲肉和布帛，这是在祭地。祭祀天地要用赤色的牛犊，在泰昭上掩埋羊和猪，这是在祭祀四时，在坑中或坛上举行祭礼，这是在祭祀寒暑；王宫，是祭日的坛；夜明，是祭月的坛。

而在《周礼》中，对天地鬼神、日月星辰等诸神的祭祀规定就更加详细了。在《春官》中还专门设有大宗伯一职来专业司职祭祀之事，分工之细，祭祀之法的讲究令今天的我们读来都叹为观止。

而其中关于小宗伯的职责中，对上述的祭祀之规描述得非常详尽：

> 小宗伯之职，掌建国之神位：右社稷，左宗庙。

用现在的话说，小宗伯的职责就是，掌管建立王国祭祀的神位：右边建社稷坛，左边建宗庙。

总之，无论是祭祀天地还是日月，其实都是在表达一个朴素的愿望，都是祈祷天地能够保佑天下万民五谷丰登。而最具有代表性的就是先农坛。

在北京故宫皇城的西南方，今天仍然保留有先农坛的旧址，只是大片的场地已经变成了先农坛体育场了。

先农坛，就是古代帝王祭祀先农等诸神的祭坛。每年开春，皇帝都要亲自率领文武百官行籍田礼于先农坛，在自己的一亩三分地上，以率先垂范的姿态，躬身亲耕。从而昭示天下万民，以农为本，不忘稼穑之事。

先农神，就是我们前文所说的神农氏，也就是我们通常所说的炎帝。

炎帝神农，远古三皇之一，他被尊为华夏民族农耕文明的始祖。传说他踏遍群山，尝遍百草，终获嘉禾，始种五谷，解决了民众的吃饭和疗疾问题。这一点在前文里有过叙述，在此不再重复。

根据各类古籍史料的记载和考古报告显示，神农氏当年生活的区域就是山西的上党地区，也就是今天的山西省晋城高平市的羊头山一带。在今天的高平地区，至今还保留有历代王朝为纪念这位中华民族的农业始祖而修建的祭祀遗址，既有始祖殿还有五谷庙。

其实，这一切的祭祀行为，都昭示着一个最直接而朴素的道理，要保持对天地衣食父母的敬畏和感恩。

感恩食物，心存敬畏

中国的古人不仅在每年的重要时节进行祭祀天地祖宗，在每顿饭前也是要进行祭祀的，这就是古人的“食前祭礼”，又称为“食祭”。

这里所说的食祭，特指古代饭前的一种祭礼，就是将饭桌上食品各取少许，置于食器之间，用以祭祀最先创造食物的先祖，以示不忘本。

在古代礼法社会，食前祭祀是一套非常严格的体系，复杂而琐碎，历经两千多年的渗透演绎，远非一两句话所能说清。择其要者，我们认为，古制的食祭传统最少有三个基本层次：

第一，在没有特殊情况下，食前必祭。

这是饭前的一个基本程序，并形成了一套严格的制度性规定，通过这样的程序意在警示和教化万民：“一粥一饭，当思来之不易；半丝半缕，恒念物力维艰。”每顿饭前，当饮水思源，感恩上苍，致敬宗祖，善待粮食。

具体的祭法如前所说，就是将面前的食物各取少许，放在盛酱的豆和盛脯的笾之间，以示祭奠先祖。

这里的豆和笾都是古代吃饭用的食器，豆的形状类似高脚盘，最先都是木制的；笾是一种竹制的盛器，类似今天盛馒头用的小竹筐。袁枚先生在《随园食单》序言中所说的“笾豆有践”的笾豆，指的就是这两种食器。这句话原本是《诗经 · 豳风 · 伐柯》中的诗句，意思就是将食器有序地排列整齐。

第二，即使是粗茶淡饭，也要行祭礼。

古代的食礼不因富贵而奢华，也不因贫苦而废弃，都有基本的规制。

正如孔子在《论语 · 乡党》里所强调的：

> 虽疏食菜羹，必祭，必齐如也。

意思是说，即使吃的是粗粝的饭食和蔬菜汤，在用餐之前也一定先行祭礼，而且一定是恭恭敬敬的。因为祭祀的本意在于内心的敬，不是外在的富贵，只要能体现出敬畏之心即可。

第三，在招待宾客的宴席上，也要引导着客人进行食前祭礼。

食前祭礼不仅体现在日常的饭桌上，在接待宾客的宴席上也要行使祭礼，而且，由主人引导着宾客进行祭祀。这同时也是一种宾客之礼。

《礼记 · 曲礼上》对此做了详细的规定：

凡向客人进食之礼，把带骨的肉放在左边，把不带骨的肉放在右边。饭食（主食）放在客人的左边，羹汤放在客人的右边。切成薄片的肉和烤肉放在外侧，醋和酱放在里侧。葱和蒸葱放在尾端，清醴和浆放在右边。如果要放干脯和束脩两种干肉，也要把它们放在右边，要让弯曲的那部分朝向左边。开餐的时候，主人要引导客人行食前祭礼。行祭礼的时候，所祭的食物要从先上来的食物开始，然后，按着上菜的顺序把所有食物祭祀一遍。

这一遍下来，整个规制给人的感觉显得十分烦琐。这还是在我们大段删除了之后的内容，全套的祭祀之礼比我们所选的更加琐碎。

但古人可能就是要通过这种烦琐的形式，增加食前祭礼的仪式感，以强化宴席的庄重和肃穆性，使人们在面对每一顿餐食时，内心都充满虔敬之意。

第二章

华夏民生的饮食伦理

作为人生的第一基本需求，人，从生到死，孜孜以求的就是吃饱饭，每天从早到晚一直忙活的也是为了吃饭。所以，中国人都习惯上把工作称为“饭碗”，把超稳定的工作称为“铁饭碗”。

在过去，最理想的生活状态就是吃穿不愁，再高一点就是吃香的喝辣的。总之，中国人把世间所有的事情都和吃饭连接到一起，一个“吃”字道尽了中国人的百姓心态和生存哲学，它清晰地反映出“吃”的本能性地位。

其实，不唯个体的人，对于整个的中国社会也是如此，整个中国社会几千年下来孜孜以求的也是为了让万民有口饭吃，解决温饱。在相当长的时间内，我们国家提出的口号依然是解决人民的基本温饱问题。

因为吃，不断上演着文明之间的冲突，甚至是战争。从某种程度上来说，历代的边关争端、种族冲突、农民起义，甚至是朝代更迭，几乎都是因为吃饭问题而上演。

饮食男女，天命所以

告子曰：食、色，性也。

告子的意思是说，吃饭和男女之事一样，都是人的天性。仁是内在的，不是外在的；义和仁正相反，义是外在的，不是内在的。

这句话由于记录在《孟子》一书中，很多人在引用的时候都简单地把它说成是孟子的观点。其实这并不是孟子本人的原创观点，而是告子的观点。这是告子在和孟子探讨关于人的本性是不是善的时候的一个论断。

告子认为，人，饿了就要吃饭，渴了就要喝水，这都是人的本能或本性，无所谓善或不善。其实，这和老子所说的“天地不仁，以万物为刍狗”是一个线路的认知思想。而孟子则认为人性本善，如果后天不加维护，就会变坏。孟子其实是想强调仁义在人性中的重要性。

其实通篇读下来，告子提出的“食、色，性也”的说法，孟子并没有表示明确的赞成或反对。孟子表达的性本善观点和告子要表达的其实原本也不是一个层面上的问题。告子所说的饮食男女，都是人的先天本性，这个判断是没有问题的，至于往下深入探讨的这个本性是善还是不善，那是另一个问题了。其实，在其他的章节里，孟子也表达了近乎同样的意思。

在《孟子·尽心下》一章中，孟子是这样说的：

> 口之于味也，目之于色也，耳之于声也，鼻之于臭也，四肢之于安佚也，性也。

在这里，孟子基本重复了告子的观点。他的意思是说：口对于美味，眼睛对于美色，鼻子对于好闻的气味儿，身体对于放松安逸，这些爱好都是人的本性。

辩论了一圈，孟子又不得不回到了“食、色，性也”的本质上。其实，关于饮食男女是人的本性这个命题，是儒家思想的共性认知。在孟子之前，孔子早就有过定性论述了。

孔子认为，饮食和男女之事，都是人的最基本欲望；死亡和贫苦，都是人最不喜欢的，这都是人的天性使然。所以，喜欢和厌恶，是人心的两个基本态度。人人都藏有一颗心，不可揣测，时好时坏，都在于人心，从表面上是看不出来的。要想察知人心的好坏，除了用礼，是没有别的办法的。

从他们不厌其烦的讨论中我们就会发现：不管是孔子还是孟子，其实他们都认同“食色，性也”这一根本命题。在认同这一根本性命题的前提下，以孔孟为代表的儒家主张用“礼”来规范、教化人的日常行为。他们认为，只有这样，才能建立起一套有仁有义的社会体系。

这就是儒家思想最根本的饮食观，也是儒家饮食思想的发端。这一观念也直接影响和决定了后世整个国家的饮食观。

食色，不是放纵

然而，“礼”又从何而来呢？

这就进入了“食色，性也”的另一层面含义。

儒家思想认为，正是由于食色起源于对天地的祭拜和图腾，所以才会产生礼。这就是孔子所说的“夫礼之初，始诸饮食”的思想来源。

孔子的这句话也记录在《礼记 · 礼运第九》中：

> 夫礼之初，始诸饮食。其燔黍捭豚，污尊而抔饮，蒉桴而土鼓，犹若可以致其敬于鬼神。

燔黍：就是把黄米放在烤热的石头上来回翻动炒熟，这是中国古代最原始的一种烹饪方式。

捭（bǎi）豚：就是把动物的肉撕开，也放在石头上烤熟，类似今天的炙肉。

污尊：污的本意是小水坑，这里是指挖个小水坑的意思。

抔（póu）饮：就是用双手捧水喝。

蒉桴（kuìfú）而土鼓：就是用土泥和草抟成鼓槌。

这段话的意思是说，礼，本来就是从人的日常饮食中产生的。古时候，先民们把黍米和撕开的肉放在石头上烧熟，在地上挖个小坑蓄水，然后用手捧着喝。用土和草做成鼓槌敲着土鼓，并用这种方式来向上天和鬼神表达敬意。

也就是说，最初的“礼仪”就是在这种饮食环境下开始发端的。至于具体的“礼”是什么，孔子是这样界定的：

> 夫礼，先王以承天之道，以治人之情，故失之者死，得之者生。
>
> 诗曰：相鼠有体，人而无礼。人而无礼，胡不遄死？是故夫礼，必本于天，殽（古同肴）于地，列于鬼神，达于丧、祭、射、御、冠、昏、朝、聘。
>
> 故圣人以礼示之，故天下国家可得而正也。

他的意思是说，礼，先王凭它来承接上天之道，陶冶人们的情操，所以失去它就会灭亡，得到它才能生存。

《诗》说：看那老鼠有形体，人却没有礼仪。人如果没有礼仪，还不如快点死去呢。因此那礼必定依据于天，效法于地，比照于鬼神，体现于丧、祭、射、御、冠、婚、朝、聘等各个方面。

因此圣人将礼仪展示给大家，所以天下国家可得到它而走上正道。

从这一段的论述中，我们就会清楚：儒家认同饮食是人与生俱来的本性之一，它也是人最基本的欲望。但人又不能毫无章法、毫无节制地乱吃，如果无限地按着欲望的本性行使男女之事，没有一定的法度，与禽兽何异？

这是极重要的阐述，即喜欢物质享受、声色安逸是人的天性，但是这些事情也受“命”（社会规范）的限制，不可勉强、妄求、滥用，君子不以“天性如此”而放纵这些欲望。仁、义、道、德是“命”（社会规范和义务），但是其中也包含着人的天性，所以君子用天性如此来勉励自己行仁义道德，而不说这只是社会规范。尽管吃是人的本性，但务必要建立一套社会通行的饮食礼仪规范。

那么，如何建立这一套行为规范呢？要顺应天地之道，只有这样，人民才有仁义，社会才能大同，国家才能走上正道。

这就是儒家关于饮食的一个完整的饮食思想体系，也是中国人的基本饮食观。生存权虽是人的基本权力，但人类又不能毫无节制地放纵自己的欲望，不然，社会就会乱作一团，所以，就要建立起一套完备的社会规范和社法体系。至于如何建立这一套社会规范，就要遵循天地之道，正如道家所说的“道法自然”。

饮食的节制与仁慈

既然承认食色是人性之本，那么，作为具有社会群体性的人在饮食的时候就要有基本的规则和法度，不能任由本性的驱使放纵无度，这是历代先贤和圣王们的基本共识。不然，普天之下将一片狼藉，人民的生活也将无以存续。

这种饮食之道在古人的著作中比比皆是，归纳起来，大致有三个层面的核心思想：

第一，采伐有时。

无论是渔猎还是采伐，古人都讲究要在固定的时间内进行，不是随时就可以实施捕杀的。因为无论草木或者牲畜，它们的生长都是需要时间的——草木需要发芽、开花、结果；飞禽走兽也需要哺育成长。它们从幼小到成熟都要有一定的时间周期，要仁慈而人道地给它们留下生长的时间。

在这个问题上，儒家的思想比较具有代表性，《礼记·祭义第二十四》引述曾子的话说：

> 树木以时伐焉，禽兽以时杀焉。夫子曰：断一树，杀一兽，不以其时，非孝也。

就是说，采伐树木，捕杀禽兽都要按时而行。孔子甚至把这一主张还上升到孝道的高度上。如果不按时而行，就是砍伐一棵树，杀掉一只兽，都是不孝。这也是孔子所倡导的“不时不食”的原因之一。

其实，《孟子·梁惠王上》中“斧斤以时入山林，材木不可胜用也”，表达的也是这个基本思想。也就是说，只要能够在规定的时间内来进行砍伐和捕杀，树木禽兽才会用之不竭。

《吕氏春秋》中甚至把它上升到天地的玄机上来表述，其《审时》的一开篇就是这样说的：

> 凡农之道，厚之为宝。斩木不时，不折必桡；稼就而不获，必遇天灾。

意思是说，大凡耕作的原则，以顺应天时最为重要。伐木如果不顺应天时，木材不是折断就是弯曲；庄稼如果不按天时收割，一定会遭遇天灾。

第二，取之有度。

我们在前文的动物食祭中就曾提到，即使如苍鹰这样的猛禽在捕杀其他鸟类的时候，也不捕杀“有胎之禽”。飞禽尚能有这样的认识高度，何况人乎？所以，历代的圣王先贤都主张捕杀有度。这是古人善待自然，也是善待自己的基准伦理底线。

在这里还引用孟子的观点来予以佐证：

数罟不入洿池，鱼鳖不可胜食也。

数罟（gǔ），就是指细密的网。洿（wū）池，就是池塘。

孟子这句话隐含的寓意是说，如果用细密的渔网去捕鱼，就会把幼小的鱼苗也捕捞上来。这无异于灭绝性捕捞，那就太不人道了，显然也不符合天道。如果允许这样做，那人类就等于自杀式戕害，这显然不符合儒家的仁义思想。

不唯儒家，在这一问题上，古代的贤者都抱有这样的主张，并成为一种社会规范而共同遵守，甚至成为一种国家法定的政令制度。

将齐国带入强盛的宰相管仲，在《管子·五行》篇中就曾劝诫时人说：

不疠雏鷇，不夭麑麇，毋傅速，亡伤襁褓。时则不调。

七十二日而毕。

疠（lì）者，此处是毒杀的意思；雏鷇（kòu），就是幼鸟；麑麇（níyǎo），是指幼鹿，就是小鹿仔。亡，不要，表否定。

管仲在这里想表达的意思是，从冬至后，就不准齐国的国民毒杀幼鸟、捕杀幼鹿了，更不能伤害婴儿。而且，这样的法令要坚持七十二天，直到春天来临，万物复苏后，才能允许国民采伐。

同时，他还把这一思想写入齐国春季的五项政令中，曰："无杀麑麇，毋蹇华绝萼。"意即在春天也要禁杀幼鹿，不准折花断萼。按他的治国理念，只有这样做，田野里的草木庄稼、飞禽走兽才会茁壮地成长，不至于过早凋零和青黄不接，进而确保国家持久的发展和强盛。

第三，用之有节。

不贪欲、不纵欲，取之有度，用之有节也是古代所倡导的君子风范。

《礼记·坊记第三十》在引用孔子的话时就说：

子曰：君子不尽利以遗民。《诗》云："彼有遗秉，此有不敛穧，伊寡妇之利。"

故君子仕则不稼，田则不渔；食时不力珍，大夫不坐羊，士不坐犬。《诗》云："采葑采菲，无以下体。"

此文中提到的“彼有遗秉，此有不敛穧（jì），伊寡妇之利”和“采葑（fēng）采菲，无以下体”，都是《诗经》中的句子。前者出自《小雅·大田》，后者出自《邶风·谷风》。葑，就是今天所说的蔓菁；菲，类似今天的萝卜，都属于当时青菜的一种。

所谓坐羊和坐犬的说法，也都暗指宰杀的意思。因为古人通常的杀牲，都是把肉吃掉，然后将动物的皮毛当坐垫。所以不坐羊、不坐犬就被引申为不杀犬羊。

孔子通过这样的言论并引用《诗经》中的例子，其实是想表达君子不能把社会财富都拿了去，要给穷苦人民也留下些，以保持社会最基本的仁慈和善良。《诗经》上说：这里还遗落有一些谷禾，还有没收走的稻穗，就给那些弱势的寡妇们留着吧。

所以说，作为君子既然当了官拥有了权力，就不要再通过种庄稼和农民争利了；有农产收入的就不要再去和渔民争夺水产之利了；如果有足够的饭食就不要天天设法琢磨着再去吃山珍海味了。大夫无故不杀羊，士人无故不杀狗。

《诗经》上又说，收割庄稼和青菜的时候，不要都连根拔起，要有意无意地给困难群众遗留一些。

多么朴实、善良而仁慈的思想啊！

其实，以上这三点所表达出的价值理念，在儒家的经典著作《礼记·月令》中都按照月份进行了系统的规定。对“竭泽而渔”“杀鸡取卵”这类行为的批判意识，在《管子》《吕氏春秋》《淮南子》《韩非子》《墨子》等著作中也都有所阐述。

这不仅是中国传统思想的普世观念，恰恰也是我们今天所倡导的可持续发展的科学发展观，更是今天我们这个国家和社会正努力探索的社会公平、正义之道。

在权贵们几乎占去了全部的社会资源和财富后，也请适当仁慈一下，给那些尚在困难中的群众遗留一丝生存的希望和发展的机会，这才是“君子不尽利”的真正含义！这也是老子所倡导的“天之道，损有余而补不足”的真正含义！

美食，不是炫富

戒贪欲是中国古代最核心的一个饮食思想，从商周时期在食鼎上镌刻“饕餮”纹以示警示开始，重节俭、戒贪欲的价值观就植入中国传统文化的血液中。

故此，戒贪欲、重节俭的思想作为中国传统的主流价值观，一直贯穿于整个中国民生生活的物用观和饮食观。

儒家的思想就不用再说了，即使如道家这般的哲学对此也有过具体的论述。

老子在《道德经》十二章中就说：

> 五色令人目盲；五音令人耳聋；五味令人口爽；驰骋畋猎令人心发狂；难得之货令人行妨。
>
> 是以圣人为腹不为目，故去彼取此。

意思是说，沉湎于五彩缤纷的颜色之中会令人目盲；过分追求美妙的音乐会使人耳聋；迷恋于味道的刺激会令人的舌尖失去方向；贪图打猎娱乐和金玉宝器就会令人情操败坏，内心发狂。

所以，圣人不主张过分迷恋美味的诱惑，也不会纵情于声色犬马之间，只要能够吃饱喝足，就可以了。

在老子看来，理想的生活就是解决腹胃的需要，不要迷恋于山珍海味、美味佳肴的刺激，更不为眼花缭乱的事物所诱惑。“为腹”追求的是内在修养的提升、内心欲望的减损、内在灵魂的净化和升华，这是老子推崇的为道之道，也是他所希望拥有的恬淡生活。

这是道家的创始人从修身养性之道的角度上来阐述“为腹不为目”的理念。即使从美食享用本身的角度来理解，古人也不主张过分的奢华和铺张。

被誉为中国食圣的袁枚在《随园食单》戒单的“戒目食”一栏中就痛恨地表示：

何谓目食？目食者，贪多之谓也。今人慕“食前方丈”之名，多盘叠碗，是以目食，非口食也。

……

南朝孔琳之曰：“今人好用多品，适口之外，皆为悦目之资。”

余以为肴馔横陈，熏蒸腥秽，目亦无可悦也。

不要说从道德伦理上，道家不主张“目食”。即使从美食理论上，美食家们也极力反对甚至讨厌奢华铺排的饮食之风。

按袁枚的说法，即使摆满了整整一大桌山珍佳肴，从食者的角度去看，杯盘横陈、五味掺杂的，不要说去吃了，就是看起来也实在不美。口还未进食，眼睛已经受伤了。

从某种意义上来说，这压根儿就不是为吃饭而来，典型是为炫耀而来，这不是美食的本质意义。

天道是民生饮食的最高法则

在整个传统中国的哲学史上，天人合一思想一直是古人立言、行事甚至治国的最高行动纲领和孜孜以求的最高精神境界。

当然，饮食之道也不例外。无论是饮酒、品茶还是美食，在中国传统的价值认知中，“天人合一”是他们最理想、最完美，也是他们毕生追求的最高境界。

/ 1 /

有很多人都认为“天人合一”的思想起源于庄子。因此，后世的道家本着庄子“齐物论”的理念出发，沿着庄子的逍遥之路在山林中“逸世寻静，辟谷炼丹，餐风食气”，以期通过这样的功法与天地融为一体，从而实现“庄周梦蝶”的忘我无为之境。

关于这一点，庄子在《知北游》中的一段话最具代表性：

天地有大美而不言，四时有明法而不议，万物有成理而不说。

圣人者，原天地之美而达万物之理。是故至人无为，大圣不作，观于天地之谓也。

庄子通过这段话虽然是想着重强调“无为”思想，但从其思想本质来说，表达的还是一种“天人合一”的理想之境。

其实，早在庄子之前，“天人合一”的意识就在前人的思想中有所体现了，老子就曾说过：

人法地，地法天，天法道，道法自然。

这是最本初、最正宗的道家之道，也是人间的饮食之道。正是在这样的认知背景下，老子才说出了“治大国若烹小鲜”的惊天论断。从本质上来看，无论是烹小鲜，还是治大国，其实他们的本质原理都是一样的，那就是道法自然。

从儒家的观点来看，天人合一的概念就是中庸之道，再具体地说就是“和”的思想。在《礼记・中庸第三十一》的一开篇，儒家就给出了这样的终极界定：

中也者，天下之大本也；

和也者，天下之达道也。

致中和，天下位焉，万物育焉。

意思就是，中者，就是天下万物的本源；和者，是天下一切事物道理的通达之道。达到了中和的境界，天地间的万事万物就归其所位，只有这样，万事万物才能繁育不息。

从杂家的角度上来说，天人合一就是开乎万物，以总一统。故此，《管子 · 五行》中说：

六月日至，是故人有六多，六多所以街天地也。

天道以九制，地理以八制，人道以六制。

以天为父，以地为母，以开乎万物，以总一统。

此处所说的六多，意即人禀受纯阴、纯阳之气而生，阴阳发展到极致，都需要经过六个月，所以称之为六多。

每年的夏至和冬至，都要须经过六个月才能抵达。因此，在天地之间生存着的人类就得以吸收天地之精华，从而通乎天地。这里的街，表示通达之意。

天道以九数为制，地道以八数为制，人道以六数为制。以天为父，以地为母，以通于万物，归为一统。

关于九数、八数、六数的概念，是取自《周易》的六爻和九爻的理论，在此不做详述。据此我们也可以推断，《管子》一书的成书应该在《周易》之后。足见此时《周易》里所提及的天地观在管仲的时代已经广为流传。

从黄老学派中医养生的角度来说，生命之本，通乎天地，就是所谓的“天人合一”。《黄帝内经·生气通天篇第三》中就说：

> 黄帝曰：夫自古通天者，生之本，本于阴阳。
>
> 天地之间，六合之内，其气九州、九窍、五脏、十二节，皆通乎天气。
>
> 其生五，其气三，数犯此者，则邪气伤人，此寿命之本也。

黄帝说：自古以来，都以通于天气为生命的根本，那就是说生命是本于阴阳的。

天地之间，六合之内，无论地上的九州，还是人体的九窍、五脏、十二节，都与自然界的阴阳之气相通。

自然阴阳之气化生为金、木、水、火、土五行，又依据盛衰消长湿、燥、寒三种阴气和风、暑、火三种阳气。如果人们常常违反阴阳五行的变化规律，那么邪气就会侵害人体。因此，顺应这个规律才是生命得以延续的根本。

/ 2 /

而将“天人合一”思想推到历史极致高度，并将之社会化，与治理国家连到一起的，无疑就是我们所提到的汉代大儒董仲舒了。虽然自董仲舒后，天下思想，罢黜诸家，独尊儒术，但就董仲舒本人的思想来说，他实乃历代各派思想的集大成者。儒家、道家、阴阳家、杂家等各派学说，在他身上都融为一体，并将此推送到国家意识形态的层面，成为历代王朝的治国纲领。

他的“天人合一”的思想体现在他的著作《春秋繁露》中。首先，从人的本源上来说，人本就是由天造就的，在《为人者天》一文中这样界定：

> 为生不能为人，为人者天也。人之人本于天，天亦人之曾祖父也。此人之所以乃上类天也。
>
> 人之形体，化天数而成；人之血气，化天志而仁；人之德行，化天理而义；人之好恶，化天之暖清；人之喜怒，化天之寒暑；人之受命，化天之四时。
>
> 人生有喜怒哀乐之答，春秋冬夏之类也。

意思是说，人虽然是由人而生育的，但造就人的其实是天。人之所以成为人，在于其禀受于天，天才是人的始祖，这就是为什么人与天地相类似的原因。

人的身体，是因天数的演化而成的；人的血气，是因化天志而成仁；人的德行，是因化天理而成仁；人的喜怒，也是因化天的寒暑而成；人的禀性，也是因化天之四季变化而形成。

人生而就有的喜怒哀乐，其实和天地的春秋冬夏是相对应的。

紧接着，在这一认识的基础上，董仲舒把他的学说升到一个“天人感应”的神秘学说高度，在《阴阳义第四十九》一文中，他告诫天下：

> 天地之常，一阴一阳，阳者，天之德也；阴者，天之刑也，迹阴阳终岁之行，以观天之所亲而任。
>
> 天亦有喜怒之气，哀乐之心，与人相副，以类合之，天人一也。
>
> 春，喜气也，故生；秋，怒气也，故杀；夏，乐气也，故养；冬，哀气也，故藏；四者，天人同有之，有其理而一用之，与天同者大治，与天异者大乱！

在这一段话里，他想表达的意思是，天道运行的常规，就是一阴一阳。阳气，是天的仁德；阴气，是天的刑罚。通过探索和考察天道阴阳之气在一岁中的运行之规律，并以天道之规来确定天道仁德和刑罚。

天的喜怒哀乐本来就是和人相一致的。

春季，为喜气，所以万物生长；秋季，为怒气，所以万物肃杀；夏季，为乐气，所以养育万物；冬季，为哀气，所以万物敛藏。这四类气，天和人都共同具有，它们的原理一样，作用也相同。

故此，顺应上天，与天道相同，则天下大治；悖逆天道，逆天而行事，就会导致天下大乱！

纵观董仲舒的政治哲学思想，他是在用一套天人合一和天人感应的理论来解读天道。这一方面继承了中国传统的天命观，另一方面把阴阳五行和天命论结合起来。他认为，人，尤其是一国之君的思想和行为，都和上天连接，上天会根据国君的言行做出相应的反应，并通过自然现象予以表现出来。

如果国君顺应天道，为天下万民做了德行之事，上天就会降下祥瑞；如果一国之君逆天而行，做了伤害天下万民的坏事，上天就会降下灾祸。具体表现可能就是各种灾难和异象。

董仲舒的这一套理论，其实也是对历代帝王治国历史经验的总结和归纳。圣王如三皇五帝顺应上天，上天就会降下祥瑞，万民也会得以安享；而对于那些逆天而行的，如夏桀、纣王和秦皇之辈，因为违背天道，所以天下灾祸频发，人民生活也跟着遭殃。

这一思想显然是传统中国饮食文化价值的普遍共识。

第三章

农历文明下的饮食语法

作为一个自古便知稼穑艰难、以农为本的文明古国，“时令”，不仅是生民们日常的生存法则，更是他们赖以认知世界的方法论。虽然今天的我们已经按照“西历”来纪年，但传统的中国时令系统依然流淌在我们的血液里，指导着我们的日常生活。

如果说“阳历”是我们盛饭的碗的话，那么，“农历”就是碗里的饭。对于跨越在两个历法体系的现代中国人来说，我们时而吃着圣诞节的火鸡，时而吃着年夜饭的饺子，在不断变换的日历中混乱了胃部的语法。

民生饮食农历坐标

农历不仅是中国先民的一套计时方法，更是他们的一套生存方式和生存哲学。

作为一个以农为生的国度，以“天”为食的中国先民根据日月的运行规律，将它和人间的稼穑之事以及日常生活联系起来，总结出了一套作息方式，并用这套历法来指导人们的日常生活。

历法的核心价值不是一种单纯的时间计数，而是为“人”的生存和日常生活服务，离开了这个灵魂，历法就只是一套无根的时间排列表，是缺乏文化传统和文化内涵的历法，就是一套机械的没有鲜活生命色彩的计时器。

对于中国的民众来说，“农历”，显然是一套有“灵魂”、充满了浓厚生活气息的历法。上古之时，农耕生产完全依赖于天时，二十四节气就是我国先民顺应农时，观天察地，感悟、思考、总结出来的一套时间体系。

在中国广大的农村地区，大家习惯上都把中国的历法称为皇历，又俗称为老黄历，它是在中国农业文明的基础上产生出来的，带有每日吉、凶、宜、忌的一种万年历。

民间流传的皇历，相传是由轩辕黄帝创制，故又称黄历。

皇历是古时帝王和普通民众共同遵循的一个具有行为规范性质的历法，并由钦天监计算颁订，因此称皇历。这里面不但包括了天文气象、时令季节，而且还包含了人民在日常生活中要遵守的一些禁忌，因其内容是中国劳动农民耕种时机的参照和依据，故又称农民历，简称为“农历”。

中国民间把皇历俗称为通书，但因通书的“书”字跟“输”字同音，为避忌故又名“通胜”。

农历是阴阳合历，早在尧帝时代便已经将二分二至（春分、夏至、秋分、冬至）订入历法。春秋战国时代已经完善到八节气，增加了四立，也就是立春、春分、立夏、夏至、立秋、秋分、立冬、冬至，同时期二十四节气也已经出现并逐渐开始完善。从西汉《太初历》开始，二十四节气被正式完整地写入农历，详细划分成十二节令、十二中气，成为农历不可分割的一部分。

以今天的眼光来看，地球自转一周为一天，围绕太阳公转一周为一年。由于地球在公转轨道上的位置不同，直接带来的就是气候和昼夜长短的变化。我们的祖先根据太阳直射在地球不同位置的气候变化情况，将一个太阳年结合农时周期进行了二十四段的划分，也就是地球公转每隔十五度，划分一个节气。二十四个节气，表示地球在公转轨道上二十四个不同的位置。

每个节气相隔约十五天。这样，每个月就有两个节气，一年十二个月，刚好合成二十四个节气。其中，每月开头的这个日子称之为“节气”，即立春、惊蛰、清明、立夏、芒种、小暑、立秋、白露、寒露、立冬、大雪和小寒十二个节气。

每月的第二个节气为“中气”，即雨水、春分、谷雨、小满、夏至、大暑、处暑、秋分、霜降、小雪、冬至和大寒十二个节气。“节气”和“中气”交替出现，各历时15天，现在人们已经把“节气”和“中气”统称为“节气”。

在每个节气时令中，古人又根据自然界飞禽走兽的时令性活动，把包括迁徙、蛰眠、复苏、始鸣、繁育，以及各种花草树木萌芽、发叶、开花、结果和雷电发生等这些反映气候、动植物变化的物象称为物候。

据《逸周书·时训解》记载，以五日为一候，三候为一气，六气为一时，四时为一岁，一年二十四节气共七十二候。到了北魏时期，《正光历》又将“七十二候”正式载入历书。

现代研究表明，物候的出现要早于节气，它是形成二十四节气的先河，也是我国远古最早的结合天文、气象、物状指导农事活动的历法雏形。它大致分为两大类：一类是生物物候，既包括植物的，也包括动物的；另一类是自然现象，如东风解冻、虹始见、大雨时行、水始涸等。由于某个年份气候的突变或观察错误，以致有些物候的发生及描述不那么准确，甚至不符合科学事实。但是在很长时间内，物候曾经是我们古人一个主要的历法形态。

二十四节气，作为一种历法思想，最早以书面的形式辑录成书于《淮南子·天文训》，《太初历》正式把它纳入国家历法之中。而事实上，二十四节气的出现，是融合了各地先民长期的生产生活经验而缓慢形成的，很难找出一个确切的开端，各种版本说法不一。

这套历法的核心其实还是“天时”，从根本上讲就是“农时”。

所以，中国最传统的历法不只是“太阳历”，也不只是“月亮历”，也不只是“星象历”，而是根据太阳、月亮和星象的运行规则，将多种元素结合起来而制定的“阴阳历”，它蕴含着博大精深的“天、地、人”的生存哲学。

需要强调的是，这一历法体系主要是以中原地区的农时作为依据而制定的，它和其他国家和地区的历法都有着截然不同的文化内涵和生存哲学。

它是“中国”最本土的历法体系和生存指南。

时令饮食，神性启示

那么，古人制定历法的思想起源是怎么来的呢？

正如前文所述，很显然，以农事活动为主要食物来源的中国人，主要根据天体的运行来确定历法，并以此来指导百姓日常的农耕和饮食生活。

/ 1 /

孔子在他的弟子子游问他历法的内容和来源时说："我欲观夏道，是故之杞，而不足征也，吾得《夏时》焉。"

当年孔子为了了解夏代的礼制，专程赶到古杞国去，结果到了之后，才发现古杞国的文献已经不足以采信，但他从那里获得了一部叫作《夏时》的书。

此处所说的《夏时》，就是世间传说的著名的《夏小正》，《夏小正》为中国现存最早的一部传统农事历书，收录在后世的《大戴礼记》第四十七篇中。

东汉儒学大师郑玄给出的笺注说："得夏四时之书也，其书存者有《小正》。"

《史记·夏本纪》中也有记载："孔子正《夏时》，学者多传《夏小正》云。"

司马迁认为孔子所指的《夏时》就是《夏小正》。

根据何新先生的考证：正者，政也；小政者，农事也。"国之大事，惟祀与戎"，古以祭祀及战争为"大正"，而以农事渔猎及经济生活为"小正"。

《夏小正》分为十二个月记载了每月的天象、物候、农事、经济活动等等，可以说是中国现存最早的一部关于季节变易之物候历、农事历法，其功用相当于周朝的《月令》。

需要说明的是，《夏小正》虽著十二月文，但星象则仅记至十月，十一月和十二月没有星象记载。从这些记载中可以看出，各月太阳所行经的经度大致相等，大致平均每月日行 35 度多，说明当时从星象上是把一年分为十个月的。

上古历法最早起源于"黄帝历"。"黄帝"本为太阳神帝之名，后乃转变为人王之名。黄帝"治五气以治历"，建立了五行十月的太阳历法。

而根据历史文献记载，四时的概念则是由尧帝制定的，如前文所述，当时，尧帝命羲和测定日月星辰的位置以推求历法，制定四时成岁，为百姓颁授农耕时令，制定出了春分、夏至、秋分、冬至。

《尚书·尧典》清晰地记录了尧帝在统领天下时，是如何让百官根据天体的运行来制定历法、节气，并教导百姓从事农事活动的：

> 日中，星鸟，以殷仲春；
> 日永，星火，以正仲夏；
> 宵中，星虚，以殷仲秋；
> 日短，星昴，以正仲冬。

日中：古时称春分为日中，因为春分这一天，白昼与夜晚时间相等，故称日中。

星鸟：即指二十八宿中的星星。古人将二十八宿称为四象，每象包括七宿，星鸟是南方朱雀七宿中的一宿，朱雀是古鸟名，所以这里将星宿称之为星鸟。

殷：正的意思，在这里表示确定。

日永：即夏至，因为夏至这天白昼最长，所以，古人将夏至称之为日永。

星火：即火星，是二十八宿中的心星。古人认为黄昏时，心星出现在南方，便是仲夏。

宵中：秋分时昼夜时间相等且气温适中，因此，古人称秋分为宵中。

星虚：即二十八星宿中的虚星，古人根据虚星的运行情况，制定中秋的节气。

日短：古人称冬至为日短，因为这一天，白昼时间最短。

星昴：即二十八星宿中的昴（mǎo）星。

这段话的意思其实是说：在尧帝时代，人们就已经开始根据太阳和星辰的运行来制定历法，并根据春夏秋冬的时令变化，教导万民如何生活和播种。

于是，才有了第一章中我们提到的尧帝对属下官员的安排说："咨十有二牧，曰：食哉惟时！"

尧帝曾对着天下十二州的州牧说，饮食是百姓的根本，让百姓按照时令的变换来生活非常关键，所以，这就是颁布历法的重要性。正是在这一前提下，他才让"稷"这个庄稼能手来掌管农事，并要求他根据时令变化来教导万民种植庄稼，获取食物。

可见，从神农氏教导万民种庄稼，再到黄帝制定黄历，再到尧帝以及《夏小正》时，古代的圣贤们就开始有组织、有计划地安排官员引导百姓根据四时变化播种了。由此观之，"时令"在中国上古百姓生活中的重要性不言而喻。

/ 2 /

而到了周代，时令在百姓日常生活中的地位就更加重要了，甚至上升到“礼法”的高度予以重视。在《礼记》中，专门有一章《月令》详细记录了先秦时期强调“时节”重要性的具体日程路线图。

根据记录，“月令”是周朝时期的一种规章制度，按照一年十二个月的时令，记述政府的祭祀礼仪、职务、法令、禁令等，并把它们归纳在五行相生的系统中。

月令把世间万物描绘为一个多层次的结构。太阳最高，具有决定的意义。根据太阳的运行规律形成了春夏秋冬四时，每时又分为三个月。四时各有气候特征，每个月又有各自的征候。

与四时相对应，每时都有一班帝神，每个月各有相应的祭祀礼制。五行与四时的运转相配合，春为木，夏为火，秋为金，冬为水，土被放在夏秋之交，居中央。

四时的变化不仅受太阳的制约，还受五行的制约。

再下一个层次是各种人事活动，如生产、政令等。上述结构基本是同向制约，特别是人事，要受到太阳、四时、月、神 、五行各种力量的制约。

凡是读过《礼记 · 月令》原文的，无不赞叹周王朝礼法内容的博大、丰富、严谨和细致，以及当政者对万民日常生活的尽职尽责、关怀和体贴。在此简单引用一二：

春季令：

季春之月，日在胃，昏七星中，旦牵牛中。其日甲乙，其帝大皞，其神句芒，其虫鳞，其音角，律中姑洗，其数八，其味酸，其臭羶，其祀户，祭先脾。

是月也，命司空曰："时雨将降，下水上腾，循行国邑，周视原野，修利堤防，道达沟渎，开通道路，毋有障塞。田猎罗网、毕、翳，喂兽之药，毋出九门。"

意思是说，春三月，太阳运行到了胃宿的位置，黄昏时候，七星出现在南方天空的正中，拂晓时候，牵牛星出现在南方天空的正中。这个月的日子是以甲乙为主，主宰这个月的天帝是太皞，天神是句芒。这个月的动物以鳞类动物为主，声音以角音为主，候气律管应着姑洗，数以八为成数。祭祀对象是户神。祭品则以动物的脾为最好。

这个月，雨季即将到来，地下水往上升，要巡视国都和城邑，并全面视察原野，修护堤防，疏通沟渠，开通道路，使河流和道路不要有壅塞。这个月，各种捕猎的网、射鸟用的弋、毒兽的药，都不得出都城的门，以便让各种动物能够安静生长。

关于文中所提到的甲乙日，《史记·律书》说："甲者，言万物剖符甲而出也；乙者，言万物生轧轧也；丙者，言阳道著明，故曰丙；丁者，言万物之丁壮也；庚者，言阴气庚万物，故曰庚；辛者，言万物之辛生，故曰辛；壬之为言妊也，言阳气任养万物于下也；癸之言为揆也，言万物可揆度，故曰癸。"

这里有必要解释一下律管：古人为了区分每个月的月气，都要用律管来观测。这十二支律管与十二乐律相同。十二支律管的长度各异，相互之间有一定的比例。观测时，将这十二支律管埋入地中，上面与地面平，下面根据长度不同深埋于地下。管中分别填以芦灰。这样，每个月的月气变化时，地气会有所反应，芦灰便会飞出，所以又叫"吹灰"。这就是律管候气之法。

秋季令：

季秋之月，日在房，昏虚中，旦柳中。其日庚辛，其帝少皞，其神蓐收。其虫毛，其音商，律中无射，其数九，其味辛，其臭腥，其祀门，祭先肝。

是月也，申严号令，命百官贵贱无不务内，以会天地之藏，无有宣出。乃命冢宰：农事备收，举五谷之要，藏帝借之收于神仓，只敬必饬。

是月也，天子乃以犬尝稻，先荐寝庙。

意思是说，秋天的九月，太阳运行到了房宿的位置，黄昏时虚星出现在南方天空的正中，拂晓时分柳星出现在南方天空正中。这个月的日以庚辛为主，这个月的天帝是少皞，天神是蓐（rù）收。这个月的动物以毛皮类为主，音乐以商音为主，律管对应着无射。数以九为成数，味道以辛为主，气味以腥为主，祭祀对象是门神。祭品以牲畜的肝为最好。

这个月，要严申法令，命令各级官吏都要做好收藏工作，以顺应此时天地主闭藏的时令，而不可有宣出的行为。所以要命令主要负责人，农作物都收获完毕，把农业税收登记在簿，把粮食藏入粮仓，收藏时要恭敬专心。

这个月里，天子要用狗肉配合稻米来品尝一下，先敬献给宗庙。

从《月令》一章中，我们可以清晰看出先秦时期人们的日常行动和生活完全要遵照日月星辰、天气时令的变化来安排组织运营，古人不但把月令上升到制度的层面，甚至上升到国家意识形态和宗教的高度上，并成为历代王朝遵循的铁律。

直到今天，在中原地区的农事活动和饮食活动中还部分地可以看到传统“月令”的身影。

因此，我们可以说，时令，其实就是中国人最根本的生存语法。

节气是一种生存方式

四时节气理论不但是中国的先民们根据日月星辰运行的规律总结出来的一套历法体系，也是一套中国生民们日出而作、日落而息以此为依归的农耕文明体系。由于农业是食物的主要来源，所以很显然，这套四时节气理论体系也是中国生民借此烹煮吃食的饮食理论指南。

/ 1 /

根据这一指导原则，历代的先贤、思想家以及各种农书、食经方面的类型书对此都有着或多或少的论述。

历代的文献资料包括《逸周书》《礼记》《管子》《吕氏春秋》《淮南子》等；历代的历法和农学类著作如《夏小正》《四民月令》《齐民要术》等，在涉及四时的论述时，都强调了要按“四时”的变化来从事农业生产和饮食活动：春天是万物萌发之时，夏季则是万物生长之时，秋天是万物聚敛之时，冬天则是万物储藏之时，这是造物主赐给人类饮食生存的神奇密码和指示。

其实，不管是自然界的动物还是植物，还是人类自身，都会遵照这一变化生活。每年的春天，万物都会苏醒，所以叫惊蛰。每年秋收的时候，即使是田间的田鼠和鸟类也都会加紧收藏。

造物主的神奇就在于此，不同的季节会生产不同的庄稼和食物，不同时期的庄稼和食物也都有不同的功用。所以，不同的时节就有不同的饮食准则。

关于这一点，在各类古典文献中论述得非常充分，并形成一套独有的四时、节气饮食理论。

譬如《管子·四时》篇中论述说：

> 然则，春夏秋冬将何行？
>
> ……
>
> 南方曰日，其时曰夏，其气曰阳，阳生火与气。其德施舍修乐。其事：号令赏赐赋爵，受禄顺乡，谨修神祀，量功赏贤，以动阳气。九暑乃至，时雨乃降，五谷百果乃登，此谓日德。
>
> 中央曰土，土德实辅四时入出，以风雨节，土益力。土生皮肌肤。其德和平用均，中正无私，实辅四时：春嬴育，夏养长。秋聚收，冬闭藏。

……

春夏秋冬四时都应做些什么，该如何生活呢？

《管子》这样告诉齐国的人民，南方是日，它的时令称夏，它的气是阳，阳产生火和气。它的德性是施惠与修乐。这个时节要办的事情是：命令进行赏赐、授爵、授禄，巡视各乡劝农，做好祭神之事，量功赏贤，以帮助阳气发展。于是大暑就将到来，时雨就将下降，五谷百果也将丰收，这就叫作日德。

中央是土，土的德性是辅佐四时运行，以使风雨适时，地力增长。土生长皮肤肌肉。它的德性表现为和平而均匀，中正而无私，实实在在辅助着四时：春天生育，夏天长养，秋天聚集收成，冬天积储闭藏。

围绕四时的变换和二十四节气的轮转，无论是官方机构还是民间，在中国辽阔的大地上都有一套将农时与时令饮食无缝连接的体系，有的以民谣或谚语的形式流传下来。

如在豫东地区就有这样的谚语：

一月有两节，一节十五天。

立春天气暖，雨水粪送完。

惊蛰快耙地，春分犁不闲。

清明多栽树，谷雨要种田。

立夏点瓜豆，小满不种棉。

芒种收新麦，夏至快种田。

小暑不算热，大暑是伏天。

立秋种白菜，处暑摘新棉。

白露要打枣，秋分种麦田。

寒露收割罢，霜降把地翻。

立冬起菜完，小雪犁耙开。

大雪天已冷，冬至换长天。

小寒快积肥，大寒过新年。

民间也有这样的农谚：

清明早、小满迟，谷雨种棉正当时。

秋分早、霜降迟，寒露种麦正当时。

结合农事气候的变化转换，古人开创性地构建了人类社会中独特的与农事紧密连在一起的饮食法则。

除此之外，各地都有一套与时令相对应的饮食习俗。

我们就以立秋这一天的时令饮食进行引述：

立秋，是二十四节气中的第十三个节气，也是秋天的第一个节气，标志着孟秋时节的正式开始。“秋”，就是指暑去凉来。

立秋之日，民间讲究在这天以悬秤称小孩的体重，再将体重与立夏时节的情况进行对比来检验肥瘦。那时的人们认为，如果瘦了就需要“补”，也就是立秋时俗称的“贴秋膘”。

民间有句俗语云：

立秋到，贴秋膘，冬去春来身体好。

这句谚语说的就是天凉以后，人们应该多吃些肉食，补充一下因伏天食欲差，加上流汗而造成的亏虚，进而增强免疫力。

立秋日有吃西瓜的习俗，称为啃秋。过了立秋，天气逐渐转凉，早晚温差变大，人们吃西瓜这类凉的东西也应该逐渐减少，所以趁着还没有转凉，立秋当日应该好好吃一次西瓜。

另外，旧时习俗，立秋时大人孩子都要吃秋桃，每人一个，吃完把核留起来。等到除夕这天，把桃核丢进火炉中烧成灰烬，人们认为这样就可以免除一年的瘟疫。

在南方多地，立秋吃凉糕也是必不可少的传统习俗。凉糕圆润剔透，宛如白玉，切成小块，撒上白糖、果干，清凉爽口、香甜开胃。

从唐宋时起，有在立秋必须用井水服食小赤豆的风俗。取七粒至十四粒小赤豆，以井水吞服，服时要面朝西，据说这样可以一秋不犯痢疾。

所以，以此观之，对于中国的生民来说，节气不仅是一个时间的概念，也不仅是一个农时的概念，而是一个生活方式的概念。这样，当提到节气的时候，相对应的就意味着有一连串的时令饮食。

/ 2 /

它们的发端来源，甚至背后的逻辑依据是什么呢？

这依然要回到我们前文所提到的《礼记》中。根据各种文献的记载和考古发现显示，作为周朝礼法的一个重要板块，《月令》中的条款，从天上到地下，从白天到黑夜，从神间到人间，从播种到饮食，每个月该干什么，该吃什么都已经规定得相当翔实。

在此，我们引述一些和饮食有关的有代表性的内容规制来说明：

> 仲春之月，天子居青阳大庙，乘鸾路，驾仓龙，载青旗，衣青衣，服仓玉，食麦与羊。其器疏以达。

春天，天子要居住在明堂东边名为“青阳”的地方，正月则住在青阳的左边。为顺应时气，乘的是系有鸾铃的车，驾的是苍龙之马。打起青色旗号，穿着青色衣服，佩着青色玉佩。食物以麦和羊为主。

这个季节要用粗疏而容易透气的器皿。

> 仲夏之月，天子居明堂太庙，乘朱路，驾赤马，载赤旂，衣朱衣，服赤玉，食菽与鸡。其器高以粗。

在夏天，要顺应季节而居于明堂之左室，出门则要顺应夏火之色，车马、旗帜以及服饰都用大红色，食物以鸡和豆类食物为主。用高而粗糙的器皿。

> 仲秋之月，天子居总章大庙，乘戎路，驾白骆，载白旂，衣白衣，服白玉，食麻与犬。其器廉以深。

到了秋天，天子要顺应时节，居于太寝西堂南偏，出行则乘戎辂车，驾白骆马，挂白色旗帜，穿白色衣服，佩戴白色玉佩。食品以芝麻和狗为主，用深而平直有角的器皿。

> 仲冬之月，天子居玄堂大庙，乘玄路，驾铁骊，载玄旂，衣黑衣，服玄玉，食黍与彘。其器闳以奄。

到了冬天，天子则要顺应时节，居住北堂之太室，出行则乘玄辂车，驾铁骊马，挂黑色旗帜，穿黑色衣服，佩戴黑色佩玉，食物以黍子和猪为主，用中宽而上窄的器皿。

古人将四时之中每个季节的三个月分为孟月、仲月和季月。孟月为第一个月，仲月为第二个月，季月就是第三个月。

照此逻辑顺序推理，仲春就是春二月；仲夏就是夏五月；仲秋就是秋八月；仲冬就是冬十一月。从这些具体的规制中，我们可以看出，古人从每个季节的第二个月开始，就会顺应时节的变化从衣、食、住、行、用等各方面进行大规模的季节性轮换。

按照后人所说，这虽然是周礼，是周朝人日常生活的规制，但周公在制定这些历法的时候显然也不是凭空创造的，他也是综合了夏商周三个朝代的生活法则和经验进行编纂而成的。这一点，从历法的发展脉络中就可以清晰地看出来。孔子到夏地的杞国之所以强调发现了《夏时》这本书，也足可以佐证周朝制定的这些礼法和历法实则是融合了各时期中国人的生活智慧。

事实上，这一点在《周易》的《易传下》篇里已经有过类似的说明，《易传下》在谈及伏羲帝制定八卦时说：

伏羲作八卦何？

伏羲始王天下，未有前圣法度，故仰则观象于天，俯则观法于地，观鸟兽之文，与地之宜，近取诸身，远取诸物，于是始作八卦，以通神明之德，以象万物之情也。

这里记载的虽然是关于伏羲帝创制八卦时的情况，但从中也可以看出，这也是四时节令思想的发端。也就是说，不管是四时节令，还是周礼，还是八卦、阴阳理论的创制，它们都有一个共同的哲学来源，那就是“仰观象于天，俯观法于地，观鸟兽之文”而成人伦。这就是我们所说的“天之道、地之理，人之纪”的“三才理论”的逻辑法则，即由天地之象而成人间万事之则。

还有一点需要说明的是，四时理论作为一个通用的生活理论，它是各个思想流派所共同认知和尊奉的一个普世性基本理论，不管是儒家、道家，还是法家、墨家，以及阴阳家，包括后世的佛家，他们的思想理论尽管各有差异，但在四时这个认知层面，几乎是一致的。

最具典型的就是《淮南子》，虽然淮南王刘安奉行的是黄老学说，而《礼记》是儒家的核心典籍，但在《淮南子·时则训》里，淮南王刘安和他的门客几乎原文不动地将《礼记·月令》的内容复制粘贴在他们的著作里。

而《黄帝内经》作为黄老学派的代表性中医理论经典，对四时理论的尊奉和演绎比儒家还要深入。即使到了汉朝以后，尽管罢黜诸家、独尊儒术，但后世的所有经典性养生类著作在这一点上从未产生思想上的分歧。即使如董仲舒本人，更是将各家学说的观点融于一体，他的“天人感应说”比道家还道家。

其实，就连之前的《吕氏春秋》，不但整部著作的结构框架完全按照四季的顺序来架构，就连月令的内容，也基本照搬了周朝历法的核心思想。

所以，无论是对治理国家和社会的见解有多么不同，在这些普世性的日常生活理论上却不分朝代和党派，一代代地构建了中国“时令饮食哲学”的理论建筑。

时节是一套饮食法则

“生、长、收、藏”不仅是一个农时概念，也不仅是一个饮食概念，中国的饮食文化思想还把它引入到“生命体”的特征中，从而又衍生出了一套“饮食养生哲学”。

作为“天时”下的人，就像植物的生长一样，也随节气的变化而变化。不同的节气，人体的表征也不一样，所以，春发、夏长、秋收、冬藏，还是一个生命科学的理论体系。

/ 1 /

在春天，人体的体征呈萌“生”的体征；夏天则是“长”的体征；秋天则是“收”的体征；冬天则是一个“藏”的体征。所以，中国的先民根据四时变化规则制定出了一套四时饮食养生体系。

这个体系的根其实还是我们在前面论述的“天时”体系——不同的季节要吃不同食物。

这一点,《黄帝内经》和历代的道家养生著作论述的都已相当清楚。对于四时节气的属性,《黄帝内经·四气调神大论第二》按照不同的季节特征是这么界定的:

> 春季篇:
>
> 春三月,此谓发陈。天地俱生,万物以荣,夜卧早起,广步于庭,被发缓形,以使志生;生而勿杀,予而勿夺,赏而勿罚,此春气之应,养生之道也。逆之则伤肝,夏为寒变,奉长者少。

意思是说,春季的三个月,是推陈出新、万物复苏的时节。

这个时节,天地之间万物生机勃勃,欣欣向荣。因此,人应当晚睡早起,多到室外散步;散步时解开头发,伸展伸展腰体,用以使情志宣发舒畅开来。天地使万物和人焕发生机的时候一定不要去扼杀,赋予万物和人焕发生机的权利一定不要去剥夺,勉励万物和人焕发生机的行为一定不要去破坏。

这是顺应春气、养护人体生机的法则。违背这一法则,就会伤害肝气,到了夏天还会因为身体虚寒而出现病变。

夏季篇：

夏三月，此为蕃秀。天地气交，万物华实，夜卧早起，无厌于日，使志无怒，使华英成秀，使气得泄，若所爱在外，此夏气之应，养长之道也。逆之则伤心，秋为痎疟，奉收者少，冬至重病。

意思是说，夏季的三个月，是自然界草木繁茂的季节，万物繁盛壮美的季节。

在这一季节里，天地之气已经完全交会，万物开始开花结实。人应当晚睡早起，不要对天长炎热感到厌倦，要使情绪平和不躁，使气色焕发光彩，使体内的阳气自然得到宣散，就像把愉快的心情表现在外一样。

这乃是顺应夏气、保护身体机能旺盛滋长的法则。违背了这一法则，就会伤害心气，到了秋天又会由生疟疾。究其原因，则是由于身体在夏天未能得到充分长养，以致供给秋天的收敛之力少而不足的缘故。到了冬天，还会再导致别的疾病发生。

秋季篇：

秋三月，此谓容平。天气以急，地气以明，早卧早起，与鸡俱兴，使志安宁，以缓秋刑，收敛神气，使秋气平，无外其志，使肺气清，此秋气之应，养收之道也。逆之则伤肺，冬为飧泄，奉藏者少。

秋天的三个月，是万物果实饱满、已经成熟的季节。

在这一季节里，天气清肃，其风劲急，草木凋零，大地明净。人应当早睡早起，跟群鸡同时作息。要使情志安定平静，用以缓冲深秋的肃杀之气对人的影响；收敛此前向外宣散的神气，以使人体能适应秋气并达到相互平衡；不要让情志向外越泄，用以使肺气保持清肃。

这是顺应秋气、养护人体收敛机能的法则。违背了这一法则，就会伤害肺气，到了冬天就会留下不能消化的食物残渣。究其原因，是由于身体的收敛机能在秋天未能得到应有的养护，以致供给冬天的闭藏之力少而不足。

冬季篇：

冬三月，此谓闭藏。水冰地坼，无扰乎阳，早卧晚起，必待日光，使志若伏若匿，若有私意，若已有得，去寒就温，无泄皮肤，使气亟夺，此冬气之应，养藏之道也。逆之则伤肾，春为痿厥，奉生者少。

冬天的三个月，是万物生机闭藏的季节。

在这一季节里，水面结冰，大地冻裂，所以人不要扰动阳气，要早睡晚起，一定需等到日光出现再起床。要使情志就像军队埋伏、鱼鸟深藏、人有隐私、心有所获等一样。同时，还要远离严寒之地，靠近温暖之所，不要让肤腠开启出汗而使阳气大量丧失。

这是顺应冬气、养护人体闭藏机能的法则。违背这一法则，就会伤害肾气，到了春天还会导致四肢痿弱逆冷的病症。究其原因，是由于身体的闭藏机能在冬天未能得到应有的养护，以致到春天时焕发生机的能量少而不足。

正因此，《黄帝内经 · 素问 · 四气调神大论》以此得出结论，并劝告生民：

> 夫四时阴阳者，万物之本也。所以圣人春夏养阳，秋冬养阴，以从其根，故与万物沉浮于生长之门。逆其根，则伐其本，坏其真矣。

一年四季的阴阳变化，是万物的生命之本。因此，圣人在春夏时节都注重保养阳气，以满足生命体生长的需要；在秋冬的两个季节，都注重保养阴气，以满足生命体收藏的需要。

如果顺应了这一生命体发展的根本规律，就能和天地万物一起在生发、长养、收敛、闭藏的四时更替循环的规律中得以发展；如果违背了这个规律，人体的本元就会受到摧残，从而伤害生命体的本真。

随后，在《黄帝内经》下卷的《灵枢 · 本神篇第八》里又补充说：

> 故智者之养生也，必顺四时而适寒暑……
>
> 如是，则僻邪不至，长生久视。

结论就是：智者的养生之法，一定会顺应四时，以适应天气的寒暑转化……如果按照这一方法去生活，就能百病不侵，延年益寿，不易衰老。

/ 2 /

在古人的饮食理论体系中，不唯一年之中分节气，根据一天之中日夜寒凉的变化，将一天划分为不同的时辰阶段。

同时，他们还将这一理论引入到人的生命体征上。人的一天的生命体征，整个人的一生从幼儿到少年再到青年再到中年再到老年，从早晨到中午再到黄昏再到深夜也和时令的特征一样，不同阶段会表现出不同的生命征象。

这样，才正式形成了一套从天到时到人再到食的时令饮食体系。

在此思想理论指导之下，中医上的饮食理论著作和饮食养生著作还将不同节气下的饮食养生之法和饮食避忌，以及相应的逻辑原理也详细地推演出来。

我们还以《黄帝内经》为例，在《素问·脏气法时论篇》中，岐伯通过与黄帝的对话，很清晰地阐述了人体的五脏六腑与四时之象以及天干地支对应的饮食养生的内在逻辑原理。

先说肝，《黄帝内经》的原文是这样说的：

> 肝主春，足厥阴、少阳主治，其日甲乙；肝苦急，急食甘以缓之。

这句话的意思是说，肝主春木之气，肝与胆互为表里（我们通常所说的肝胆相照就是这个含义）。故此，春天应以足厥阴肝经和足少阳胆经两条经脉作为主治。而天干中的甲乙属木，足少阳胆经为甲木，足厥阴肝经则为乙木，所以，肝和胆在甲乙日表现得最为旺盛。

同时，肝又对应五志中的怒，大怒则气急，而甘味能缓解气急。故此，应进食甘味食物来缓解它。

关于心，《黄帝内经》的原文是这样说的：

> 心主夏，手少阴、太阳主治，其日丙丁；心苦缓，急食酸

以收之。

心主夏火之气，心和小肠互为表里，夏天以手少阴心经和手太阳小肠经为主治。天干中的丙丁属火，手少阴心经为丁火，手太阳小肠经为丙火，所以，心和小肠在丙丁日表现得最为旺盛。

而心则对应着五志中喜的情绪，过于欢喜就会导致心气涣散，故此要通过进食酸味食物来收敛它。

关于脾脏，《黄帝内经》的原文是这样说的：

脾主长夏足太阴、阳明主治，其日戊己；脾苦湿，急食苦以燥之。

脾脏主长夏土之气，脾和胃互为表里，长夏时节以足太阴脾经和足阳明胃经为主治。天干中的戊己属土，足太阴脾经为己土，足阳明胃经为戊土，所以，脾和胃在戊己日表现得最为旺盛。

脾容易发生恶湿，湿盛会损伤脾，而苦味可以燥湿，因此应进食苦味食物来燥湿健脾。

关于肺，《黄帝内经》的原文是这样说的：

肺主秋，手太阴、阳明主治，其日庚辛；肺苦气上逆，急食苦以泄之。

肺脏主金秋之气，肺和大肠互为表里，秋季以手太阴肺经和手阳明大肠经为主治。天干中的庚辛属金，手太阴肺经为辛金，手阳明大肠经为庚金。所以，肺和大肠在庚辛日表现得最为旺盛。

肺的主要功能是负责气，有清肃的特性，如果气上逆就会引发肺病，而苦味能降泄上逆之气，因此应该进食苦味食物来宣泄它。

关于肾脏，《黄帝内经》的原文是这样说的：

> 肾主冬，足少阴、太阳主治，其日壬癸；肾苦燥，急食辛以润之。开腠理，致津液，通气也。

肾主冬水之气，肾和膀胱互为表里，冬季以足少阴肾经和足太阳膀胱经两条经脉作为主治。而天干中的壬癸属水，足少阴肾经为癸水，足太阳膀胱经为壬水，所以，肾和膀胱在壬癸日表现得最为旺盛。

肾是水脏，喜湿润而恶燥，应进食辛味食物来润泽它。这样才能开发腠理，输布津液，疏通五脏之气。

从这一段论述中，我们可以看出，《黄帝内经》系统地揭示了四时饮食与肌体的内在对应原理。自此以后，围绕四时饮食养生的探索，后世的道家、医家、本草学家以及太医院的医生们就从来没有断过。

明代的高濂在他的《遵生八笺》里做了细致的总结和归纳，在《四时调摄笺》的开篇序言中，他已经说得非常清晰了：

> 高子曰：时之大义矣，天下之事未有外时以成者也。故圣人与四时合其序，而《月令》一书尤养生家之不可少者。余录四时阴阳运用之机，而配以五脏寒温顺逆之义……与时消息，则疾病可远，寿命可延。

意思还是强调的养生要顺应时令的顺序来调节五脏，从而实现免除疾病，延长寿命的目的。

从这些观点主张中，大致的理念都基本相同。所以，从历代养生家和医家的谆谆告诫中，我们可以看出，四时、时令、节气对于中国人来说，不仅仅只是历法上的计时概念，更是一种饮食、养生、疗疾的生命哲学。

在农历与阳历间觅食

对中国人的农事、饮食以及养生而言，单一的太阳历或月亮历都存在缺陷，阳历的缺陷在于无法体现月相和星辰的变化，而阴历的缺陷在于无法体现四季的变化。

中国独创的天干地支、二十四节气和七十二候的时令法则无疑给中国人搭建起了阳历和阴历以及星相等多要素综合的历法体系。日月星辰、阴阳调和，风雨雷电、金木水火合力共存，一起组团调适指导着中国人的农事耕作和饮食养生。

然而，令人感叹的是，这一古老的文明历法结构伴着西风东渐的气息也在悄悄发生着节奏的变迁。

如果从黄帝开始算起，在按照中国的“皇历”格式生活了4600多年后，咔嚓！咔嚓！中国突然就开启了一个新的“公元”纪年模式。

这个公元纪年，就是我们平常所说的“阳历”了。

/ 1 /

中国古老的历法体系其实一直是个复杂变动的过程，应该说，西汉时期的《太初历》是我国古代第一部比较完整的汉族历法，也是当时世界上最先进的历法。其法规定一回归年为一年，一朔望月为一月，所以又称八十一分律历。以夏历的正月为岁首。

《太初历》第一次把二十四节气编入历法，以没有中气的月份为闰月。它还首次记录了五星运行的周期。《太初历》大概使用了 188 年。

《太初历》正式启用于公元前 104 年，算起来比古罗马儒略历早了 58 年。公元前 45 年，尤里乌斯・恺撒才正式启用儒略历。值得一提的是元初实施的《授时历》也比《格里高利历》早了 300 多年。无论是天文精度，还是辅助农业生产的二十四节气，都领先于西方。

而我们现在所使用的阳历，却是公历纪元，原称基督纪年，又称西历或西元。

这本是西方文明制下的一套纪年方法，是由意大利医生兼哲学家 Aloysius Lilius 对儒略历加以改造而制定的一种历法。1582 年，时任罗马教皇的格里高利十三世予以批准颁行。

实际上，公历就是以耶稣诞生之年作为纪年开始的。

在儒略历与格里高利历中，从耶稣诞生之后的日期开始算，称为主的年份。而在耶稣诞生之前，称为主前。现代学者为了淡化其宗教色彩以及避免非基督徒的反感而多半改称用公元（Common Era，缩写为 C. E.）与公元前（Before the Common Era，缩写为 B. C. E.）的称谓。于是就形成了如今公元前和公元后的说法。

格里历改革虽然早在 1582 年就已制定，但还是经过了之后的几百年才被所有国家慢慢采用……

后来随着西风的东渐，西历随着传教士一同进入中国。

话说到了 1912 年的元旦，中华民国在南京宣告成立，孙中山就任临时大总统。

孙大总统为了表达他与封建“鞑虏王朝”以及帝制体系彻底决裂的决心，宣布新的“中华民国”废除旧历而采用阳历，并用民国纪年。孙先生的这个提议，在民间一时并没被接受，农民伯伯们依然按照传统的历法去生活和耕作。于是，国中便同时通行两种历法，即阴历和阳历。当年 2 月 18 日（壬子年正月初一）民间仍然过了传统新年，其他传统节日也照旧。

事情的尴尬之处就在于，孙中山先生没办成的事，到了袁世凯这里，却出奇地演绎了一段春节进化史。

1913 年的 7 月，当时北洋政府任内务总长的朱启钤向“临时大总统袁世凯”呈上一份四时节假的报告，称：

> 我国旧俗，每年四时令节，即应明文规定，拟请定阴历初一（在此之前称之为元旦）为春节，端午为夏节，中秋为秋节，冬至为冬节，凡我国民都得休息，在公人员，亦准假一日。

但袁世凯只批准以正月初一为春节，同意春节例行放假，次年（1914）起开始实行。

自此，夏历岁首就由以往的“过年”改成了“春节”。由于这个“春节”是袁世凯批准的，许多倒袁人士，都拒绝过这个春节。孙中山先生在1924年还提出过废除这个节日，但未果。

1930年，南京政府为了适应当时世界上风行的改历潮流，一些改历人士重新提出，先过“元旦”新年，后过“春节”旧年，新年在前，旧年在后。南京政府颁行政令，宣布废除旧历和“禁过旧年”。这个政令一颁布，引起各派进步势力和民间的共同反对，结果，国民政府没有把旧历新年禁下来。

“春节”从“过年而不过节”，经袁世凯批准后，却逐渐变成了一个盛大的传统节日。近百年来，中国人都重视民族传统的新年，把春节当作真正的“年”来过。人们接受“春节”称谓，是因为它既区别了公历新年元旦，又因其在“立春”前后，“春节”表示春天的到来和开始，与岁首之意相合。

对此，民间还有一个更为生动的传说。说的是民国始建时颁行西洋公历，民间的农事活动却离不开农历的推算。为了营造新国家新制度的气象，当时的民政部提出实施四季四节的农历方案，也就是将一年定为春夏秋冬四季，每一季设一节，即“春节”“夏节”“秋节”“冬节”，方案呈递到袁世凯处，袁总统大笔一挥，刷、刷、刷，夏秋冬三节没了，而只留下了“春节”。

1949年9月27日，经过中国人民政治协商会议第一届全体会议通过，新成立的中华人民共和国使用国际上大多数国家通用的公历和公元作为历法与纪年，但是也并没有废除农历，现今的中国传统节日还是以农历为准。

/ 2 /

对于生活在今天的我们，尤其是生活在高度城市化的现代人来说，除了在传统的清明、端午、中秋和春节放假的时候，我们会“凭吊”传统中国的历法外，大多时间是靠着“星期”的指示来打发日子的，并凭借手机和电脑上的公历日期提示来安排着我们各自的“周末”生活。

一个星期过完了，下一个星期接着再来，时间的排列就像数电线杆，单调而缺乏“中国式内涵”。

而中国传统的历法之所以说它深藏玄机，原因就在于它不仅仅是一套纪年方式，更是中国人的生存方式、生存哲学进而是饮食准则指南。

且不说天干地支和七十二候背后的“命理”，单就二十四节气来说，每一个节气的背后都深含着大自然的运行法则和生命运行关窍，并有着相应的饮食法则。

譬如立春：立是开始的意思，立春就是春季的开始。立春是一年中的第一个节气。揭开了春天的序幕，草木开始萌芽，农民开始播种。

譬如惊蛰：蛰是藏的意思。惊蛰是指春雷乍动，惊醒了蛰伏在土中冬眠的动物。时节已经进入仲春，桃花红、梨花白，莺鸣叫、鸟高飞。春雷是这节常见的自然现象。

譬如谷雨：雨生百谷，雨量充足而及时，谷类作物能茁壮成长。这时节田中的秧苗初插，作物新种，最需要丰沛的雨水灌溉滋润，俗语说“雨生百谷”，雨量充足而及时，谷类作物能够茁壮成长。

每一个节气不仅关联着农事——庄稼的播种和成长和收获，更关联着人们的日常饮食生活。在中国传统的历法中，每一个节气的节点和节日节点都有一套相应的祭祀食物、宜食食物和禁忌之食，从而更形成了一套庞大恢宏的饮食风俗。譬如春天的“咬春”之春饼、夏至的“凉面”、立秋的“贴秋膘”、“冬至”的饺子和馄饨等等。

每一种节气时令节日的饮食都蕴含着博大精深的饮食风俗和传统文化。

所以说，“农历”既是“农业文明”的根，更是中餐饮食文明的根。

虽然公元自有一套文化价值系统，但它显然并不符合中国人的生存和饮食哲学。

因此，如今的我们在历法的问题上活得很是撕裂，既要按照西历的算法数日子，过礼拜，又要按着中国传统的农历算节气，过春节。刚吃完大年的饺子，过了春节的长假，就又不得不把大年初一、大年初五的农历格式赶紧换算到西历的日子格式中。

也就是说，相对于西方国家来说，中国人凭空得多记好几套历法系统，并不停地在多套历法体系中来回跳跃，把日子的记忆翻来翻去的都弄成了“肉夹馍”。故此，春节过后的那几天，几乎所有中国人的日子计法都是稀里糊涂的，并因此打乱了很多原有的日程模式。

这正如我们的文化心态处境，一方面想摆脱西方的文明体系，一方面又不得不按照西方的逻辑敲打着节气的键盘。

第四章

餐桌之上有乾坤

当太阳普照大地，阳光照射到的地方，就是阳；阳光无法照射的地方就是阴，有阳必有阴，有阴也必然会有阳。所以，从本源上来说，元初的世界就是由阴阳组成的。

而人也正是在这样一个大背景中繁育的，从根上来说，人本身就是天地孕化的生灵，和田野里的草、树下的蘑菇一样，也是自然的一部分。所以，人也必然与天地相合，人的肌体必然有阴阳，与天地相对应。所以，人分男女，对应天地和日月。

中国生民的智慧之所以伟大，就在于他们通过观察感知这一相互对应的自然关系，上升总结到形而上的理论层面，从而创造了一套神奇的阴阳体系，并用这一体系来占卜、解释和规范人间的万事万物。

世间万物，本乎阴阳

中国的古人为什么会产生这样一套阴阳和合学说？它又是怎么产生的呢？关于中国阴阳学说的起源，由于没有具体的文献记载，所以后世的各种说法很多。

/ 1 /

根据我们的归纳，史上主要有三种比较有代表性的观点：

一种认为阴阳学说起源于古人的生殖崇拜；

一种认为阴阳观念起源古代的祭祀和占卜；

一种认为阴阳学说起源于古代的历法思想。

研究中国通史的范文澜先生是生殖崇拜说的典型代表，他认为，在古代的蛮荒社会，男女之间生育的事情，是和人类的衣、食、住、行同等重要的。他们从男女之间的交合原理出发，根据这一原理来解释天地、日月、人鬼、昼夜、阴晴等众多的自然现象，并把它引申到社会生活领域的方方面面，阴阳观念就这样自然而然地产生了。

而认为阴阳观念起源于祭祀和占卜的一派则从甲骨文中来寻找佐证。据他们的考据发现，早在甲骨文中，就已经有了“阴”“阳”二字。

具体到“阳”字，甲骨文中有这样一句话：

> 于乌日北对，于南阳西。

有学者通过考释后认为，甲骨文中的“阳”字应为会意字，反映出“阳”字是与古代祭祀日神的原始宗教信仰有关。

具体到“阴”字，甲骨文中也有相应的文字记载：

> 丙辰卜，丁巳其阴印。丁巳允阴。
>
> 戊戌卜，其阴，翌启，不见云。

据于此，有学者认为，甲骨文中，阴阳所示的天气变化只是表层含义，其实在殷商人观念中的阴阳方位，在抽象的层面上已经有了预测吉凶、主宰成败的意义，就是通过阴阳所隐含的含义来占卜吉凶和成败。

另有学者认为，阴阳的起源与古代流行的占卜有一定的关联，占卜符具的一正一反，犹如一枚硬币的两面，阴中有阳，阳中有阴，和老子所说的“万物负阴而抱阳”有着同样的思维模型。

当然，也有人认为，中国的阴阳学说其实起源于古代的历法。

古代的人们利用太阳的照射，以立竿测影的方式制定的历法就是阳历；以月亮的月圆月缺运行规律而制定的历法就是阴历，这就是阳和阴的来历。关于中国历法中的阴阳问题，由于我们在《时令饮食哲学》篇章中已经有过论述，在此不再重复。

除去这三种观点外，也有学者认为：阴阳其实也代表着“寒暑”的意象，它与原始的农业生产有一定的关联。

阴的古体字写作“陰”，阳的古体字写作“陽”。

《说文解字》给出的解释是：

> 陰者，暗也。水之南，山之北也。
>
> 陽者，高也、明也。

有研究者解释说，古人将大山面向太阳的一面称之为“阳”，将山的背面称之为“阴”。在日渐的演变过程中，其含义也随之扩大，渐渐被抽象化为两种相对又相成的力量，并以此为基点来阐述纷纭复杂的自然和社会现象。

尽管各种解释各有所指，但各派的不同认识却有一个共同点，男女交合也罢、祭祀太阳也罢，历法也罢，其实他们都来源于人类对自然现象的认知和总结，并将这诸多自然现象上升到抽象层面，从而来解释和演绎人间的万事万物。

这或许就是阴阳学说的起源。

但是，在此我们需要重点强调的是，无论阴阳这两个字是怎么来的，阴阳观念是怎么起源的，后世的学者们都忽略了一个最根本的问题：那就是，他们迷恋和局限于对概念本身的探讨，而忽视了世界的本原。

从本原上说，世界的本质就是阴阳的，世上万物也本是由天地阴阳演化而成的，中国阴阳学说的核心灵魂不在于用什么样的文字语言和理论体系来描述界定世界，而在于他们去怎么发现和感知这个世界，从而用一套语法来理论它、抽象它、演绎它并记录它。

这才是中国古老阴阳哲学的命门所在。

用一句浅显的话来说，古代的圣哲们都是在体察世界和感知事物，而后来的学问家们却只是在研究概念和名称。

一条横线，划分世界两极

在先秦之前，阴阳观念的发展其实经历了一个从其本意出发演绎到普世规律意义的一个过程。无论是诸子百家的各门各派，他们在著作中几乎都有涉及和论述，从而使阴阳观念成为中国古典哲学的一个核心共识。

先秦时代，在各家论述阴阳观念的时候，都提到了中国的经典中的经典，这就是被誉为“大道之源”的《易经》。

《礼记·祭义》中说：“昔者圣人建阴阳天地之情，立以为《易》。”意思是说，古代的圣人就是因为通达天地的阴阳之道，于是，在此基础上才撰写了《易经》。

《庄子·天下》篇言：“《易》以道阴阳。”这是庄子在对儒家的经典《诗》、《书》、《礼》、《易》、《乐》和《春秋》等经典著作做综合评判时所做的界定，意思就是，《易经》这本书的核心表达的其实就是天地阴阳变化的道理。

不管是儒家的学说还是道家的著作，他们都提到了《易经》中的阴阳概念。但是，最初的《易经》本体文本中并没有“阴”“阳”两个概念同时出现的情况。不过，《易经》中的两个基本卦画符号“—”（阳爻）和“--”（阴爻）却又是《易经》卦象构成的基本组件，而这两个符号本身就代表着阴和阳两种对立的基本属性。并且，整个《易经》都是在阴阳观念的基础上建立起来的。

故此，在经过孔子的修注之后，后来的《易传》对阴阳观念进行了系统的论述。

《易传》是用阴阳两爻的排列、变化组合来说明卦象、爻象，以及事物的根本性质，把阴阳视为两种对立互补的属性，并认为卦画隐含着的阴阳变易法则，是以有形之象来表述无形的阴阳之意。这样一来，就使阴阳的解释功能变得具体化起来，并随之成为操作性很强的哲学原理。

正如《易传·系辞上》所说的：

一阴一阳，谓之道也。

一阴一阳，就是世间的变化之道。这句话表述的意思就和老子所说的“万物负阴而抱阳，冲气以为和”有了同样的哲学认知。

进入到这个层面的阴阳理论，已经完全上升到了“道”的层面，从此成了中国古老哲学思想的发端。

其实，在齐国的稷下学派或者说杂家学派的代表管仲及其门徒们的著作里，经过一系列的思考和创造，阴阳学说的理论体系显然已经有了深入的发展。《管子·四时》篇在谈到阴阳观念时就说：

> 阴阳者，天地之大理也。
> 四时者，阴阳之大经也。

阴阳理论发展到这里，阴阳学说已经与自然现象的各种规律相勾连起来，或者说，阴阳学说和四时理论本身就起源于一个共同的原理。在此背景下，四时寒暑的更迭成为阴阳法则的重要表现形式和具体实证，同时，阴阳观念已然成为具有思辨意义的哲学概念。

在此需要特别论述的是，我们知道，在战国时期的诸子百家中，还曾经产生了一个专门的思想流派，就是历史上通常所说的“阴阳家”，而邹衍无疑是这一学派的典型代表人物。

根据有限的资料显示，阴阳家的核心思想在于协调人事与时间和空间之间的关系。

阴阳家的理论与儒家大道之源的《易经》有两个思想结合点：

一是都敬顺昊天，二者都把“天”作为思想的起点和终点；

二是他们都信奉“阴阳消长”之道，二者也都把阴阳之间的变化规律视为沟通“天道”与“人道”的途径。

阴阳学派一个重要的贡献在于，他们将阴阳思想和五行学说及四时节令结合在一起，并分别借鉴吸收了儒家、道家、墨家和法家等各流派的观点，从而在诸子百家的思想洪流中开创了一个独立的“阴阳学派”，为后世的阴阳五行哲学的发展提供了一个崭新的思想维度。

只是比较可惜的是，阴阳家的思想著作在秦始皇的焚书坑儒运动中基本被焚毁了。所以，阴阳家几乎没有留下什么完整的著作，阴阳五行学说的思想只散见于各家的引述中。

但阴阳五行学说的思想却得以延续和传承，尤其到了汉朝，经过大儒董仲舒的演绎和升华，阴阳五行学说和天道、地道、人道、世道以及治国之道和饮食之道合为一体，遂成为中国古代哲学最基本的思想体系，也成为中华饮食文明的理论支撑和核心灵魂。

一枚鸡蛋的认知高度

纵观古代圣贤关于阴阳哲学的言论和著作，其实他们都在探求一个本源，那就是生命的繁育之本。

我们知道，中国阴阳哲学的终极内核追求的都是阴阳和合（阴阳平衡）。这一观念一直影响着中国国民的日常价值判断和日常生活准则。即使今天的我们，在撮合一桩男女的婚事时，也都要事先考察两个人的八字是否相合。这说明，传统阴阳和合的价值理念在我们现代人的身上依然产生着效力。

古人为什么要强调阴阳的和合与平衡呢？这就要从生命的本原上来寻找答案。

根据阴阳理论对世界和生命本体的理解，阴和阳不仅是构成天地万物的两个基本组件，更是生命孕育的根本。也就是说，生命本是由阴和阳合化而成。这一点，从《黄帝内经》关于阴阳的论述中随处可见。

在《黄帝内经·素问·生气通天论篇》里，借助黄帝之口是这么说的：

黄帝曰：夫自古通天者，生之本，本于阴阳。

这一论断的内涵意义就是说，自元初以来，人就以通于天地作为生命的根本，而生命的根本，就是由阴阳化育而来。

在《阴阳应象大论篇》又说：

> 黄帝曰：阴阳者，天地之道也，万物之纲纪，变化之父母，生杀之本始也。

阴和阳不仅是天地的运行之道，是万事万物的变化之源，更是万物的生长和消亡之本。

同时，在《素问·四气调神大论篇》中也给出了同样的判断：

> 故阴阳四时者，万物之始终也，死生之本也。

纵观整部《黄帝内经》，"阴阳乃生命之本"的观念不但是该部经典的核心思想所在，也是整部《黄帝内经》生命理论的出发点，更是中医思想的逻辑起始点。

作为我国现存的最早的一部中医经典，《黄帝内经》的这一观念，不仅成为中医医理思想的起始逻辑，也是古代的思想家们集体关于对生命本体的哲学认知，从这个角度上来说，把《黄帝内经》定位为最早的生命哲学著作也确不为过。

其实，从后来创制的并天下广为流传的太极阴阳图来看，或许更能具象而清晰地理解这一生命本质——阴阳鱼首尾相抱，就像我们日常看到的鸡蛋，尤其煮熟后的鸡蛋，蛋清与蛋黄，一白一黄，一阴一阳，你中有我，我中有你，生命就是在此间得以孕育。故此，阴阳和合，它蕴含着的实乃生命之门的密钥。

正是由于阴阳和合是生命的起始，所以，“孤阴则不生，独阳则不长，故天地配以阴阳”。也就是说，单独的阴或者单独的阳都无法孕育出生命，只有阴阳和合才能造化出生命，这就是天地之所以配以阴阳的玄机。按《黄帝内经》在《阴阳应象大论》中的说法就是：“阴阳者，万物之胎始也”，诚如《灵枢 · 决气》篇所阐述的：

两神相搏，合而成形，常先身生，是谓精。

阴阳二气孕育出来生命后，阴阳就存在于生命体之中，相互依存，相互转化，又相互平衡。所以，从生命的起始本原上，就要求阴阳在生命体内都是要相互和合的。

不唯生命体是阴阳，其实，生命体的内外结构和五脏六腑的内部组织结构以及身体的各个部件也都是阴阳共生共和的。这一点，在《黄帝内经·素问·金匮真言论》中描述得非常详细：

> 夫言人之阴阳，则外为阳，内为阴。
> 言人身之阴阳，则背为阳，腹为阴。
> 言人身之脏腑中阴阳，则脏者为阴，腑者为阳。
> 心、肝、脾、肺、肾，五脏皆为阴，
> 胃、胆、大肠、小肠、膀胱和三焦皆为阳。

虽然人体的组织和各个器官都是阴阳相对的，但它们又是相互和合的，你中有我，我中有你，正如《黄帝内经》在《素问·阴阳应象大论》中对天地间的阴阳所总结的：

> 阴在内，阳之守也；
> 阳在外，阴之使也。

阴阳是互为彼此的，阴在内，有阳气来替他把守；阳在外，有阴来给它作为后盾。

以此来看，阴阳之间相互最为融洽和谐的关系就是和睦平衡，谁都不要过于强大，谁也不要过于柔弱，过强过弱都会打破阴阳平衡。一旦这种平衡遭到破坏，人体就会出现病症，轻则上火，重则失调，甚至危及生命。

所以，阴阳和合的最高理想就是阴阳平衡。正如《素问·至真要大论》所总结出的阴阳调和要诀：

谨察阴阳所在而调之，以平为期。

其实，不只人体组织器官要保持阴阳平衡，究其原理来说，人生世事，治国安邦，又何尝不是如此呢？

这恰恰正是阴阳和合理论所反映出来的中华饮食文明价值观。

食物都有慈悲心

作为一个古老的生命哲学体系，显然，不仅仅天地和人体分阴阳，整个自然界的万事万物也都是分阴阳的，生长于天地之间的生物、花草和庄稼也都是分阴阳的。

他们一一与人体对应，阳补阳，阴滋阴，人吃天地间的食物，自然就能调节人体的阴阳。那么，关于食物是如何滋补人体阴阳的原理究竟是怎么一回事呢？

让我们再回到《黄帝内经》去体察一下古人的发现——其实早在数千年前，至少在春秋战国时代，中国古代的哲学家们就把这一原理阐述得相当明晰了。

《素问・六节脏象论》篇是这样记录的：

> 黄帝问岐伯道：余闻气合而有形，因变以正名。天地之运，阴阳之化，其于万物孰少孰多，可得闻乎？

岐伯曰：草生五色，五色之变，不可胜视，草生五味，五味之美，不可胜极，嗜欲不同，各有所通。

天食人以五气，地食人以五味。五气入鼻，藏于心肺，上使五色修明，音声能彰；五味入口，藏于肠胃，味有所藏，以养五气，气和而生，津液相成，神乃自生。

用今天的话来解释就是，黄帝问岐伯说：我听说因为天地之气相合而产生了万物，又因为天地之气变化多端，所以万物形态各异，名称也是各不相同。在万物的生成过程中，天地的气运和阴阳变化，究竟哪个作用大，哪个作用小，您能说说吗？

岐伯回答说：自然界的草木呈现出五种色彩，而五色的变化，是难以看尽的；草木生成五味，可是经过变化，产生的美味是品尝不完的，人们对颜色和美味各有偏好，而五色和五味分别与五脏相通。

天为人们提供五气，地为人们提供五味。五气从鼻进入人体，蓄藏在心肺中，其气上升，能使人面部五色润泽，声音响亮。五味进入口中，藏于肠胃之中，经过消化和吸收，五味的精华灌注到五脏，滋养着五脏之气，五脏之气调和维持机能的生化作用，津液随之生成，神气也就在此基础上自然产生了。

从与黄帝的对话中，我们可以看出，岐伯很清晰地阐明了食物滋养人体的过程原理。在这里需要说明的是，本段对话里所提到的五味不是今天我们所理解的五种调料或五种味道，它其实就是食物的代称。

人生天地之间，因为人本身就是阴阳二气和合而成，所以，就需要食物的滋养才能延续生存，以维持体内阴阳的平衡。然而，外界食物的阴阳又是如何来滋养肌体的阴阳的呢？滋补阴阳又有着什么样的关窍呢？

中国古代的阴阳哲学结合四时、五味的变化又给出了一个基本原则，那就是：

> 春夏养阳，秋冬养阴，以从其根，故与万物沉浮于成长之门。

也就是说，根据自然界春生夏长、秋收冬藏的原理，春夏时节，是养阳的好时节，而秋冬时节，就要重点来养阴。其核心原理就是，在春夏时节，不要使阳气受损，秋冬时节，不要使阴气受损，而最好的办法就是通过食物来滋补。

正如《黄帝内经》在《阴阳应象大论》篇所强调的：

> 形不足者，温之以气。
> 精不足者，补之以味。

意思是说，形体衰弱的，应该用温阳来补气；精气不足的，应该用味道浓厚的食物来补充。

大自然的神奇就在于，按着季节生长和成熟的各类物种和食物，肯定就是符合天地自然的阴阳规律的。春夏生长成熟的食物，大部分都是可以用来补阳的，而秋冬季节收获的食物，大多也都是可以用来养阴的。造物主在创造世界的时候早就安排好了这一切，顺应着时令的节奏去进食，肯定是没有问题的。这也是我们所倡导的按着时令吃食的根本原因。

苹果带皮吃，白菜连根煮

既然知晓了食物的阴阳是用来补充人类生命体阴阳的这一原理之后，那么，了解食物的阴性和阳性就显得非常关键，不管是从日常饮食还是养生疗病都极其重要。

作为大自然的一部分，所有的食物和人类的生命结构一样，也都具有阴阳属性。每一种食物都有它各自的灵魂，而阴和阳就是它们最深处的内心，这正是造物主的神奇所在。

有的食物呈阳性，有的食物呈阴性。但世间的食物阴阳属性并不是这么一分为二的简单，它们也和人体组织一样，阴阳共生，就像一片青青的菜叶，它向阳的一面就属阳，它的背面则属阴；还比如一个果实，它裸露在外的部分属阳，里面的果肉则属阴。

那么，究竟该如何从大的板块来识别食物的阴阳呢？《黄帝内经》给出了一个基本判断原理：

阴静阳躁，阳生阴长，阳杀隐藏。

意思就是，一般偏静的食物属阴，喜欢躁动的食物属阳，阳主生发，阴主生长。

根据这一原理，对食物阴阳属性的辨别方法大致有这么几条简单原则：

第一，按食物的动静特征来辨别：

一般情况下，阳主动，阴主静。

对于那些喜静的动物大都属阴，而喜动的动物大都属阳。譬如猪，不喜欢动，整天懒洋洋的，踢上几脚才哼哼两声，故此它的肉就属阴性。而羊整天在草甸子里忙于奔跑，寻找食物，上山下乡的，所以，它的肉就属阳性。狗就更爱动了，只要听见一点动静，就要狂吠，所以，狗肉属于大阳，而甲鱼就最不喜爱动，所以甲鱼就属阴性。

第二，按食物的味道特征分辨：

阳主升浮，阴主沉降。

“升降沉浮”是一个中医上用来描述食物作用的术语，意思是说，沉降是往下走，向内收敛，可以滋阴、降火、清热、通便。而升浮是向上走，向外发散，可以升阳、提神、发汗、散寒、祛湿。这些作用都跟食物的味道有极大关系。

根据这一特征，一般味道辛香、麻、辣、甜的，就有升浮

（往上走）的作用，譬如葱、姜、蒜、花椒、胡椒这些调料大都是阳性的；而味道咸、酸、酸甜或者苦涩的，有沉降（往下走）作用，譬如盐、醋、酱油则是属阴的。

第三，按食物的水分含量来分辨：

阳主火，阴主水。

一般情况下，含水分多的食物偏阴；干燥的、晒干的食物则更偏阳。

同样是萝卜，白萝卜水分多，胡萝卜比较干，所以白萝卜属阴，胡萝卜属阳。同一种食物，鲜品比干品偏阴，新鲜的香菇属阴，晒干的香菇属阳。

第四，按食物所在的空间来划分：

一般情况下，高空中飞翔的鸟类大多偏阳性；而水里的生物大多偏阴性，所以，海鲜普遍都呈阴性。

除了上面的这四种判断方法外，还有一点需要补充说明的是：食物的阴阳属性只是它表现出来的形式，但它本身也是阴阳的合体。就像人间的男女一样，虽然男女各属阴阳，但每一个男女个体组织也都属于阴阳的合体，只不过，男人的总体特征属阳，女人的总体特征属阴。

食物的阴阳属性也是这个原理，它本身就蕴含着阴阳和合的天地规律，这就是中国古代阴阳哲学所强调的“阴中有阳，阳中有阴”。所以，区分食物的阴阳并不是教条和机械的，而是辩证的和唯物的，甚至是变化的。

正是基于这一原理，所以，在吃食物的时候不要胡乱地掐头去尾、削皮抽筋，因为食物的阴阳就隐含在它们头尾皮筋之上，这样扒皮地去吃食时，无形中自己就把食物的阴阳平衡打破了，所以就容易导致人体的偏性，出现各种不适的症状。

以大米为例，大米为阴，能滋补脾胃，而米糠皮为阳，能散气消积食。现代的都市人为了追求外在的美观，把大米加工得晶莹剔透像玉石一般，把大米内在的那一层包衣都打磨掉了，更何况迷离的胚芽和米糠？这样虽然看上去很美，实则人为地干预了食物的阴阳平衡，吃到腹中自然也是偏性的。

所以，目前糙米的流行也不是没有道理的，从阴阳的角度上来说，糙米其实比精米更养生。

锅盖下的奥秘

中餐的很多烹饪手法，包括加工方法和器具的使用本身就是在改变和调和着食物的阴阳。

烹调不外乎通过水火来加工食物，而水为阴，火为阳。

用水火把食物做熟，就可以给它增加阳性的特质，减弱它原有的阴性。这是烹调的基本作用。烹饪本身就可以调和阴阳，有的食物生着的时候偏阴性，煮熟后就转化为阳了。有的食物，用水煮呈现出来的可能就是阴性，而直接用火烤熟，就是阳。

除了用水火，还会用到各种调料。实际上，这也是调和食物阴阳的手段，通过添加不同性质的调料，我们就可以综合食物的阴阳性质，使它们更适合我们的体质。

盐是咸味的，阴性很强，菜里放一点点就足以调和阴阳。为什么干重活的壮劳力吃得比较咸？他们动得多，动为阳，就可以多吃点盐。

葱姜蒜是辛辣的，属阳。为什么我们做肉类食物少不了葱姜蒜？因为肉类的营养丰富，阴性特质强，所以要放些阳性的东西来中和。

调料的作用，不仅是调和菜的味道，更是调和菜的阴阳。

譬如做菜还要用到油，油又是什么属性的呢？其实，油在菜肴加工中的作用不是调味料，它和水一样，是做菜的辅料。烹调用到水和油，是为了与烧菜用的火来平衡的，一般做菜常用的油都是弱阴性的。

从烹饪的器具来说，锅与锅盖就是一对阴阳合体，如果说锅是地的话，锅盖就是天，锅盖下的饭菜就是天地间的万物。所以，做饭一定要盖上锅盖，盖上锅盖之后，才能将天地阴阳完美地融合在一起。尤其在小火慢炖的时候，盖上锅盖，锅里的“地气”升腾，升上“天空”，遇上锅盖，地气凝结为水滴，再回到“大地”之上，就像世间的景象一样。此时此刻，看世间万物在锅中慢慢融合，就仿佛感受到我们自身的生命在天地间孕育、生长。故此，当小火慢炖时，轻易不要反复掀开锅盖，如此一来，天地阴阳和合之美完全破坏，会给美味的食物带来巨大伤害。

当然，这一手法也不是绝对的，如果碰上阳性较大的食物，可以适当开盖来使阳气得以散发，这样就能通过外部的手段来调节菜肴的阴阳。所以，用炒锅爆炒的时候，掀开锅盖，就能使爆炒的焦躁得到适当的散发，从而让菜品变得相对温绵，而不至于充满强烈的攻击性。

看似简单到常常被我们熟视无睹的厨房物什，其实，锅与锅盖之间却蕴含着天地间的阴阳奥妙和智慧。

所以，烹饪之道就在于将菜肴的总体阴阳进行平衡性调和，“和”者，乃是中国哲学的核心思想，也是中华饮食文明的灵魂。

陶罐煲汤为何养人

除了烹饪手法和调味手段可以调和食物的阴阳外，中餐中的很多烹煮器具也蕴含着博大精深的阴阳原理，中国的陶罐显然是最具典型的代表。可以说，陶罐的发明无疑是人类从生食时代进入熟食时代一个最伟大的发明，也是一个中国饮食史上的标志性事件。

陶罐，黄帝最早发明的这个土制的器皿充分地蕴含着中国一贯的天地阴阳和合之道[①]，或者说，这个器具充分体现出了中国阴阳和合的世界观。在某种意义上，陶罐就是中国阴阳哲学思想的

---

① 陶器发明之后很快就被用作炊具和食具。这一重要的发明标志着烹饪技术的第一次飞跃。谯周《古史考》记载了“黄帝作釜甑”“黄帝始蒸谷为饭，烹谷为粥”。传说中的黄帝时期相当于新石器中期。（参见王学泰:《华夏饮食文化》，商务印书馆 2013 年版，第 8 页）另《吕氏春秋》、《淮南子》以及民间传说也有“宁封作陶正”、“昆吾作陶”的传说和记载，但这都仅限于文献上的记载，有传说的性质，只能供参考。据考古发现的距今约七八千年以前的裴李岗、磁山等古文化遗址，已经出土很多品种的陶器。这说明至少在八千到一万年前，中国已经开始出现陶器。为尊重民间的文化情感归属，在此采信“黄帝作釜甑”这一说法。

具象萌芽。

水为阴，火为阳。

水和火原本是两个完全对立的事物，水火不容，水火相克。如果不通过任何介质，将水和火直接接触，水火之性由于相克相灭，就实现不了二者的结合和统一。

但是，如果将水放进陶罐里，通过陶罐这个器具，就可以将水火高度地融合在一起来实现中餐烹煮的目的。

这个原理正如后来的老子在《道德经》中所说的：

> 道生一，一生二，二生三，三生万物。
> 万物负阴而抱阳，冲气以为和。

根据我们的理解，这个“道”就是阴阳之道，天地造化之道。而具象的陶罐本身又寓意着这个“一”。它包含着博大的天地之道，它中空的特征就像空荡的天空和山谷，抱阴而负阳。

试想一下，当古人用陶罐的内部抱着阴之水，守着外部的火之阳，借助阴阳二气的相冲和相和，将一锅生的食物煮熟后的那种幸福，竟有着怎样的天地造化和天地和合之美？

所以，用陶罐煮制食物的方法所隐含的哲学道理相当深远，几乎无法用语言来描绘。

另外，陶罐又完美地将阴和阳融于“一”中。这个“一”又是将天地万物融为一体的羹汤。所以，就使这锅烹煮的食物既有阳的热烈，又有阴的温柔滋润，充满了阴阳和合的融合之美。故此，用土制的陶罐烹煮出来的汤羹才滋润身心，它是中国最具传统文化内涵的食物，也是符合天地之道的食物，更是符合我们生命所需的饮食。

这也是道家阴阳太极图的内涵。

如果从更深的一个层面来解读，陶罐烹煮食物的过程也符合五行之道。火代表着五行中的火，土制的陶罐本身又有土的属性，土经过加热炼制又生成了金，陶罐之中的水代表着五行中的水，水里包着的食物又有着木的属性。如果罐中的食物也能按着五行的属性调制五味，这样，整个五行的相生链就是，火生土，土生金，金生水，水生木。如此一来，这锅煮制的汤羹就更具备了五行和五味的高度融合。

这也正是后来道家炼丹思路的渊薮。

其实，这一原理具体到人的世界，也寓意着男女的和合之道，当男女之间相克的时候，如果通过中间一个介质来进行调适，就能实现一个完美的和谐之家，五好家庭也就得以成立。

黑夜让食物变得更清净

有的食物，仅仅靠食物之间的阴阳调和还不够，有的还要借助自然界的阴阳法则来调和，进而来实现阴阳合一的完美效果。

所以，有的菜品，就要在白天烧制，以给它增加些阳性；而有的菜品，就适合在晚间熬煮，让黑夜来为它注入阴性。

譬如熬制鸡汤，就比较适合在晚间熬制。

我们都知道，鸡是阳性食物，又要放在炉子上熬炖，火也是大阳。水虽然是阴性，但烧开的水，冒着滚滚热气，也转换为阳性，由阴转阳，可以说是半阳。用两个半的阳熬制出来的鸡汤，显然火性太强了。给阳虚的人补补身子挺适合，但一般人吃了，火就过了，喝了容易上火。

所以，熬制鸡汤一般在晚间比较适合。晚上八点以后，阳气变弱，阴气开始上升，此时熬制鸡汤，借助黑夜的自然之阴来调和，就在一定程度上实现了食物的阴阳调和。

一菜一格，天地之道

造物主的神奇和伟大之处就在于，它在创造世界的时候，就是奔着平衡去的，在给了人类以阳的同时，必定会带来相对应的阴。也就是说，三尺之内，有阴就必有阳。这就是老子所说的“天地不仁，以万物为刍狗”，它不偏不向，始终维护着一个天然的平衡法则。

所以，归根结底，顺应天地之道，遵循自然规律是最大的阴阳和合之道。

不顺应自然的调和，再怎么调和也都是微小的调和。

最完美的平衡就是顺应天地自然的法则，这是终极价值。用人工的方法来调节阴阳，那最多只是大环境下的微调，既改变不了世界，也改变不了结局。也就是说，阴阳平衡之道早在人类产生的那一天起，阴阳就已注定，就像太阳和月亮，白天和黑夜一样，不可改变，只有顺应。

最后，需要特别强调的是，阴阳平衡的核心灵魂是人体内的平衡，这是以人为本的人学。所有动植物的或阴或阳都是相对人来说的，脱离了这个根本主体，食物的或阴或阳，平不平衡，对人体的生命没有多大意义。

如果不能调和体内的阴阳，即使再美的美食又有什么意义呢？如果不能调和自身的阴阳，不但不是美味，甚至可能是有害的。

这也是中餐和中医所追求的一菜一格，辩证施治的最根本原因。

第五章

五味支撑起来的味觉繁华

在中国的文化体系中，“五”是个非常神秘而复杂的数字和符号。

我们把日常吃的粮食称为五谷，把酿造的美酒称为五粮液，我们习惯上把市井陋巷上的商业形态称为“五行八作”。在过去的王朝时代，为了体现皇上的尊贵，还把皇帝描述为“九五之尊”。不唯如此，古人还把“五”上升到一个抽象的哲学层面，从而创造出了一套金、木、水、火、土的五行学说，并用这个学说解释世界，占卜人生。

那么，各种“五”之间，有着什么样的神秘联系？五行和五味之间又有着怎样的勾连逻辑？

五行是天空在大地的投影

今天的我们已经很难断言五行和五土这两个影响着中国传统文化结构的概念，究竟是谁先谁后，谁生成了谁，但很显然，五行、五土和五谷、五味之间肯定存在着某种内在的联系。尽管历史的灰尘和烽火淹没和烧焦了中国太多的真相，不过我们依然可以从现有的古典文献中来寻找它们的生成逻辑和轨迹。

单说五行这个词汇，最早出现在《尚书·夏书》的“甘誓”一文中，它记录的是大禹的儿子夏启在去攻打有扈氏时所发表的征战宣言。

原文是这么记录的：

> 王曰：嗟！六事之人，予誓告汝：有扈氏威侮五行，怠弃三正。
>
> 天用剿绝其命。今予惟恭行天之罚。

夏启的意思是说，诸位将领和士兵们！我要向你们发出以下的命令，有扈氏违背了五行规律，破坏丢弃了人间正道，上天要灭了他，我们现在代表上天的意志去消灭他。

至于这里的“五行”是什么意思，史上各种说法不一。

按照汉代经学大师孔颖达的理解，这里的五行是指人的五种道德品行，虽然可以这么理解，但还不是五行生成的源头。

也有观点认为，此处的五行其实是指天上的五星，即辰星、太白、荧惑、岁星和填星，地上的五行其实是天上的五星在大地上投射的光影，天上的五星运动与地上的金、木、水、火、土相结合，进而衍生出了五行的概念。因为有扈氏违背了天上五星的运行规律，所以，上天才要惩罚它。

而如果从甲骨文的古体字来看，也的确有一定道理。

《说文解字》对甲骨文五字的解释是：

五：“五行也，从二，阴阳在天地间交午也。”

五的本意有纵横交错之意，根据字形也可以看出，五有五方交叉之意。

而行字，从字形上看则更像一个交叉路口，史学大师罗振玉先生把它解读为“通达之衢，人所行也”之意。

将“五行”二字合在一起来看，就有了五方交错，四方通达之意。如果将它用在现代的交通路口上则更为形象：中间是交通岗，四边都是路口，合在一起就是五个方位。所以，五行既有五方交错，又有四方通达之含义。

冯友兰先生认为：五行本是自然界的金、木、水、火、土五种具体的物质。在一个以农耕为主的部落里，古代的先民们用这五种物质来进行农业生产，并从具体的生产实践中逐渐认识到五行之间所存在的相生相克关系。树木可以燃烧，即为木生火；水可以浇灭火焰，即水克火。同时，在实际的农业生产过程中又需要工具，因此五行的起源与古代农业生产活动中的治土、治水、治火、治木、治金等又密切相关。

所以，在古代，古人把治土、治水、治火、治木、治金这五项生产活动称之为“五工”，与此相对应的还有五种官职，即“五行之官”。

有扈氏因为侮辱了这五行，其实就等于破坏了人民的日常生活，所以，上天也必须要对他进行惩罚。

以上各种解读都有一定的道理。

五行之观念，不管是来源于大地的五方概念也好，还是起自于天上的星辰在大地上的投射也好，还是起源于具体农业生产的金木水火土也好，还是指人本身所具有的五种道德品质也罢。总之，究其本质，五行概念的起源，其实都是以天地之象、天地之道来推演人事，并将这最原始的理论用来解释人世间的日常生活，从而形成了一套神秘而复杂的哲学系统。

正所谓:“在天成象，在地成形，在人成运。”

所以，到了《尚书·洪范》这里，五行已经具有了新的延伸意义。

原文是这样说的:

> 五行:一曰水，二曰火，三曰木，四曰金，五曰土，水曰润下，火曰炎上，木曰曲直，金曰从革，土爰稼穑。润下作咸，炎上作苦，曲直作酸，从革作辛，稼穑作甘。

《尚书·洪范》的背景是周武王灭了商纣王建立周朝，作为商纣王的叔父，箕子便趁乱逃往箕山过起了隐居生活。在隐居期间，箕子利用那些天然的黑白两色石子摆卦占方，借以观测天象，参悟星象运行、天地四时、阴阳五行、万物循变之理。

周武王建立周朝后的第十三年，求贤若渴的他访道太行，在陵川找到了箕子，恳切请教治国的道理。

周武王对箕子说，箕子呀，上天繁衍了下界的臣民，让他们和谐地生活在一起，我不知道该如何按照上天的意志让他们安居乐业，各司其所。于是，箕子就向武王传授了洪范九畴大法，而五行就是九畴中的第一项，具体到这一段话的意思就是:

五行，第一是水，第二是火，第三是木，第四是金，第五是土。水向下润湿，火向上燃烧，木可以弯曲和伸直，金在熔化后可以根据人的意志塑造出不同的形状，土则可以培植庄稼。

向下的水，意味着咸味，向上的火，意味着苦味，曲直的木，意味着酸味，熔化的金，意味着辛味，地上生长出的庄稼，意味着甜味。

洪范九畴是周代的治国策略，最后甚至成为最高的治国纲领，就类似今天的宪法一样。自周朝开始之后，它也成为后代儒家治国思想的重要参考指标。对于中国的饮食文化来说，它最大的意义在于，它第一次将五行的金木水火土和酸甘苦辛咸的五味连接在一起，并从五行的基本特征中阐述了五味的起源逻辑。

从此，五行与五味就成了一个不可分割的一部分而进入到中国古老的饮食哲学里，并阐发和指导着中华饮食文明的方向。

五谷决定着味道的走向

作为中国最为原始和最具本土性的一个古老哲学体系，五行学说不但是中国人对世界和天地运行的系统认知和解读，也是指导中国人日常生活的行动指南，它蕴含着古代中国人对世间万物“格物致知”的伟大文明和生存智慧。

无疑，“五行学说”的起源是天道理论，这一思想体系一脉相承。而作为饮食领域的“五味学说”正是起源于“五行学说”。或者说，“五味调和”其实就是中国古老哲学“五行哲学”的一个组成部分。

按照中国古老的世界观，世界是由木、火、土、金、水五种元素构成：木主东方，火主南方，金主西方，水主北方，土主中央。

相对应的，国中的土地又有五种颜色：东方为青土、南方为红土、西方为白土、北方为黑土、中间为黄土。于是，古代的哲学家便将这五个方位五种颜色的土和五行一一对应起来：

五行元素：木、火、土、金、水

五方对应：东、南、中、西、北

五土对应：青、红、黄、白、黑

后来，人们又发现大地上的食物还有五谷、五果、五菜、五畜。

它们分别是：

五谷：黍、麻、麦、菽、稻；

五果：栗、桃、杏、李、枣；

五菜：韭、薤、葵、葱、藿；

五畜：牛、犬、羊、豕、鸡。

于是，古人便将这五类不同的食物和五行、五方和五土一一对应起来。

相应的，古人又将这五类不同食物界定为不同的“食性”，这就是五种味性：酸味、辛味、苦味、咸味、甘味。并把这五种味性与五行、五土、五谷和五种颜色也一一对应起来。这样，世间存在的客观物质都被纳入在一个五行体系内，最后这个逻辑对应关系就是：

五行元素：木、火、土、金、水

五方对应：东、南、中、西、北

五土对应：青、红、黄、白、黑

五谷对应：麻、麦、稻、黍、菽

五果对应：李、杏、枣、桃、栗

五菜对应：韭、薤、葵、葱、藿

五畜对应：犬、羊、牛、鸡、豕

五味对应：酸、苦、甘、辛、咸

《黄帝内经》曰："五谷为养，五果为助，五畜为益，五菜为充。"

当然，关于五谷、五畜等传统上不同版本有不同说法，但大致都差不多。在此，我们不做学术上的争论考究，只说食物体系的基本原理。

所以，中国的食物看似简单，背后实则是个严密的哲学运行体系，食物间的阴阳平衡、五味调和，皆要按照天地的五行相克相生的运行法则来烹制。

江湖是苦的，还是咸的

五味的“味”指的是什么？它是指现实世界食物本身所具有的五种味道？还是抽象世界的五种味性？还是指调味时所要用的五种味道的调味品，就像我们日常所用的“五香粉”？

今天的我们，可能早已习惯把五味理解为具体的五种味道调味剂，就像我们通常所用到的，咸的是指盐，甜的是指糖，辣的就是辣椒，酸的就是指醋。但在我们的今天的厨房里，苦味好像没有日常的调味剂，日常所吃的食物，苦味的蔬菜好像就只有苦瓜等。

但是，从古人总结的这个五行五味对照表来看，与五行五味中对应的苦味食物是麦子、杏子以及羊肉。这几种食物既不是调味品，好像吃起来也不是苦的，甚至吃起来还很香鲜。

可见，古人所说的这个五味显然指的不是食物本身的味道，也不是所说的调味品，而应该是指抽象的食物的味性。

另外，如果把它单纯地作为现实世界具体的味道的话，它和我们日常所感受到的实际情况也并不一样，因为世间的食物不只有这五种味道，如果以嗅觉作为标准来判断，气味儿远远比这五味要多，还有香味儿、臭味儿以及腥、臊、膻等味。即使用舌尖来感知的话，其实这五味和人类舌尖感触到的味道也并不吻合。因为人类的味觉能够感知到的是另外五个味道，即酸、甜、苦、鲜、咸。这里面没有辣，因为辣味儿不属于味觉的范畴，而属于痛觉的范畴。

再者，即使从食物本身的味道来判断，大千世界，万千食物，各有各的味，每一种食物都有自己独特而鲜明的味道。黄瓜是黄瓜的味道，白菜是白菜的味道，羊肉是羊肉的味道，鱼是鱼的味道。而且，即使不同的鱼、不同的白菜，也都有不同的味道。如果仅仅用五味来区分，显然区分不出来哪种食物是哪种味道的。虽然西瓜和哈密瓜都是甜的，但它们其实是不同的食物。

因此，古人最早所说的五味本不是一个味道概念，而是食物内部所表现出的一个味性概念，古人根据这一特征，将之升华为一个形而上的物性概念。换句话说，它其实是古人对世界可食之物的一种“食性”划分，并逐渐系统化为一种思想理论体系。

关于这一点，从《管子 · 水地》篇中的一段关于人的生成本源的问题论述中就可以看出来：

人，水也。男女精气合而水流形。三月而咀。

咀者何？曰五味。五味者何？曰五藏。酸主脾，咸主肺，辛主肾，苦主肝，甘主心。五藏已具，而后生五内。脾生隔，肺生骨，肾生脑，肝生革，心生肉。

五内已具，而后发为九窍。脾发生为鼻，肝发为目，肾发为耳，肺发为窍。

所谓咀者，《说文解字》曰：咀，含味也。指经三月而精气成形，能含受五味之气，而生五藏。

这一段翻译成白话文就是：

人，是水生成的。男女精气相合而由水流布成人的形状，胎儿满三个月就能够含味。什么是含味呢？就是通过母体含收五味之气。那么什么是五味呢？五味就是生成五藏的气。酸生成脾脏，咸生成肺脏，辛生成肾脏，苦生成肝脏，甘气生成心脏。

五藏都已具备，然后才生成五种人体组织：脾生膈膜，肺生骨骼，肾生脑，甘生革，心则生肉。

五种内部组织都具备后，然后生发成九窍。从脾脏发生出鼻子，从肝脏发生出眼睛，从肾脏发生出耳朵，从肺发生出其他的孔窍。

看到这段文字，不能不感叹，古人在没有借助任何现代仪器的条件下，竟然对人体的组织器官了解得如此明晰，实在令人惊叹。需要说明的是，这一段文字是对人体本源的生成探索，而非中医上的五味五行对应体系，但理论体系都来自阴阳五行的元理论。从中我们足可以看出，五味的概念并不只是一个调味的概念，更多的是一个气和性的概念。

后来，这个五味的概念被引入中医理论，并在中医理论的基础上，经过《黄帝内经》和后世的道家和中医大师的论述，嫁接到饮食养生和食疗领域。这样就和五行哲学形成一个逻辑上的对应系统。

再之后，随着各种调味品的出现，五味又逐渐演化一种调味品的概念。到今天，在中餐上所理解的五味其实就是调味的概念了。

味蕾在四季变换中跳动

中国古典美食思想的理论体系并不仅仅只是五行和五味对应这么简单，在各种思想相互碰撞的过程中，五味还和阴阳、四时节气以及生命科学拼接起来，从而形成了一个更为庞大的饮食文明体系。

/ 1 /

那么，五行与阴阳和四时以及五味之间是如何嫁接在一起的呢？西汉刘向编著的《说苑 · 辨物》讲述得很清楚：

> 故易曰："一阴一阳之谓道，道也者，物之动莫不由道也。"是故发于一，成于二，备于三，周于四，行于五；是故玄象着明，莫大于日月；察变之动，莫着于五星。

天之五星运气于五行，其初犹发于阴阳，而化极万一千五百二十。

这里提到的“天之五星运气于五行，其初犹发于阴阳”，指的是，天上的五星、地下的五行，一切天地之道，最先都是由阴阳变化而来。这就将阴阳与“五行”联系起来。

同时，在本篇中还说道：

五星之所犯，各以金木水火土为占。春秋冬夏伏见有时，失其常，离其时，则为变异；得其时，居其常，是谓吉祥。

这里不但论述了阴阳与五行的关系，同时还将春夏秋冬四时与阴阳和五行、五星纳入一个理论体系中，并阐述了它们之间的因果变化关系。

《逸周书・成开》篇也提道：

三极：天有九列，别时阴阳；地有九州，别处五行；人有四佐，佐官为名。

这里不但将阴阳五行嫁接起来，还出现了人的身影。人第一次作为三极之一极进入到一个哲学体系中，从而形成天地人的三极理论。其实，所有天地理论最终也都是为人的生存服务的。这也是古代哲学由天理而推演人事的核心本质和最终目的。所以，这也标志着所有的五行和阴阳理论最终要落人们的日常生活中，进而来指导人的生活。

所以，在《管子》的《幼官》《五行》《四时》篇中说得就更为详细了，同时，从《管子》的诸篇著作中也能看出人间的王道思想和百姓的日常生活都是在阴阳五行的大背景下展开的。譬如，在《幼官》中，管子就提道：

> 若因处虚守静，人物则皇。五和时节，君服黄色，味甘味，听宫声，治和气，用五数，饮于黄后之井，以倮（luǒ，同裸）兽之火爨（cuàn，烧火做饭），藏温濡，行敺（qū，同驱）养，坦气修通，凡物开静，形生理。

《管子》的高妙就在于，他以“民生”思想，以五行图式的方式将以四时教令为主要内容的阴阳学说论述得非常透彻，通过他的论述，五行框架的形式完整地表达了阴阳学说的内容，从而阴阳、五行、四时在这里形成了一个非常完备的体系。

不仅如此，他还通过四时教令的形式，将五服、五色、五谷和五味也统一纳入这一体系中来，正如他所说的“五和时节，君服黄色，味甘味，听宫声，治和气，用五数”。

自此以后,《吕氏春秋》《淮南子》乃至后来董仲舒的《春秋繁露》都沿袭了这一思想。其实,除了《管子》和《说苑》一类的杂史,在儒家的各种经典文献中,也都将五味与五行和五谷以及和四时的关系连接在一起。

正如我们前文所引述的,《周礼》的《食医》一章也将“五味”与“四时”联系在一起:

> 食医掌和王之六食、六饮、六膳、百羞、百酱、八珍之齐。
>
> 凡食视齐春时,羹齐视夏时,酱齐视秋时,饮齐视冬时。
>
> 凡和,春多酸,夏多苦,秋多辛,冬多咸。

这里已经非常清晰地将四季和五味的对应关系紧密地联系在一起。这里的“齐”就是古体的“斋”,就是斋饭的意思。在本段文字中,不但将春夏秋冬和酸苦辛咸对应起来,还具体到要根据四季的气温特征吃不同的食物。吃主粮要参照春天的气候特征,吃羹饭要参照夏天的,吃酱食要参照秋天的,饮品要参照冬天的。而到了《礼记·月令》篇中,五味与五行、五星、五方等诸多的“五”已经形成了一个严密的社会体系,并作为一个普世化的生存哲学进入百姓的日常生活。

《礼记·月令》篇是这样规定的:

孟春之月，日在营室，昏参中，旦尾中。其日甲乙，其帝大皞，其神句芒。其虫鳞，其音角，律中大蔟。其数八，其味酸，其臭膻，其祀户，祭先脾。

东风解冻，蛰虫始振，鱼上冰，獭祭鱼，鸿雁来。

天子居青阳左个[①]，乘鸾路，驾仓龙，载青旗，衣青衣，服仓玉，食麦与羊，其器疏以达。

在此已经表述得非常清楚，衣、食、住、行，包括日常用具，五行、五星、五神、五方、五音等社会层面的各个元素都纳入一个统一的理论体系中。需要说明的是，在此基础之上，周朝的礼法还将这些规则具化为日常的行为规范，成为百姓日常饮食生活的准则。

/ 2 /

不仅如此，古人还将这一理论体系引入饮食养生和中医理论中，从而与人体的生命活动联系起来，创立了独具特色的中医五味理论。最具代表性的经典就是《黄帝内经》，关于这一点，我

① 左个：按古代的房屋建制，东、南、西、北和中央都建有堂，东方之堂就叫青阳，而各方的正堂叫作太庙，太庙各有左右室，叫作个。青阳堂北边的室就叫青阳左个。

们将在后面的章节中详细论述。

值得注意的是，进入中医理论后的“五味”，已经不仅仅是一个食物的味道概念，更多地成为一个味性或者说是中医哲学概念，从而将中国的五行、阴阳、五味和四时理论以及人体五脏打通融合在一起，打开了中国五味哲学的新通道，为后世的中国五味哲学和饮食养生以及食疗理论奠定了坚实的理论基础。同时也成为中国百姓日常生活的圭臬，甚至是原始的生存宗教。

还有一点必须说明的是，关于阴阳、五行、五味和四时理论，并不是哪一派独有的理论，而是所有派别包括诸多先贤以及诸子百家的共同认知。稷下学派的杂家也好，道家也罢，《管子》和《吕氏春秋》是这样的认知，作为儒家的理论著作如《周易》、《周礼》、《礼记》以及董仲舒的《春秋繁露》也都是这样的认知，黄老学说代表性中医理论著作的《黄帝内经》以及奉行黄老之道的《淮南子》也是这样的认知。阴阳家的邹衍以及史学家的刘向们也都是这样的认知。不唯如此，即使进入到国家的行政体系和社会生活以及百姓的日常，也是这样的认知。

所以说，阴阳四时、五行五味不独属任何一个派别，而是古代中国人民的共同智慧。五味哲学体系的创立，其实早在先秦时期就已经全部成形，今天读来，留给我们的只有惊叹！

五味是怎么诱惑舌尖的

为什么要调和五味？这个五味和人体结构有没有关系？如果有，又是一个什么样的逻辑关系？调和五味的逻辑依据是什么？

中国古老哲学的伟大就在于此，它清晰地回答了这个艰涩的哲学命题。

我们知道，一切学问都是关于人的学问，最终它们都是为了人类的存活而制定的。同时，人，既然是天的一部分，也应该归于这五行之中。

所以，玄妙的中国古老哲学又将这五行体系运用到人的身上，从而实现了从“天道”到“人道”的神性跨越和结合。

也许是一种巧合，也许造物主本身就是这么设计的，人体刚好有五脏：心、肝、脾、肺、肾。于是，古代的人类便又将“五行学说”的运行法则嫁接到人体的运行上。最后，形成的完美对应逻辑关系就是这样的：

五行元素：木、火、土、金、水

五方对应：东、南、中、西、北

五土对应：青、红、黄、白、黑

五谷对应：麻、麦、稻、黍、菽

五果对应：李、杏、枣、桃、栗

五菜对应：韭、薤、葵、葱、藿

五畜对应：犬、羊、牛、鸡、豕

五味对应：酸、苦、甘、辛、咸

五脏对应：肝、心、脾、肺、肾

正所谓：肝酸、心苦、脾甘、肺辛、肾咸。

既然五行哲学的对应体系已经全面形成，那么，食物中的五味之性和人体的五脏运行以及生命体的存活又有着怎样的内在关系？五味各自的效能和功用又是什么？另外，为什么要去调和它？

这就不得不赞叹五行学说和中国古老医学的神奇。

由于五味对应着人的五脏，所以，作为道家的一个重要思想，五味率先被应用到人体上，成为一种中医理论体系。

在中医理论体系上，这五味有着不同的属性。

成书于战国时代的《黄帝内经》最早归纳了五味的基本作用，辛散、酸收、甘缓、苦坚、咸软。同时还论述了过食、偏嗜五味对五脏系统的损害。

在《灵枢篇》第五十六章、第六十三章中,《黄帝内经》就五味的内在体系专门深入讨论了这一问题。

黄帝曰:愿闻谷气有五味,其入五脏,分别奈何?

伯高曰:胃者,五脏六腑之海也。水谷皆入于胃,五脏六腑皆禀气于胃,五味各走其所喜。

谷味酸,先走肝;谷味苦,先走心;谷味甘,先走脾;谷味辛,先走肺;谷味咸,先走肾。

谷气津液已行,营卫大通,乃化糟粕,以次传下。

而在《黄帝内经·素问·生气通天论篇》第三章论述更为明晰:

进食酸味食物过多,会使肝气旺盛,致使脾气亏耗;

进食咸味食物过多,骨气会受到损害,肌肉萎缩,心气淤滞;

进食甘味食物过多会使心气烦闷,气逆而气促,面色发黑,肾气失衡;

进食苦味食物过多,会使脾气不得润和,致使胃气堵塞胀满;

进食辛味食物过多，会损坏筋脉，使之松弛。

所以，谨慎地调和五味，能使骨骼坚强，筋脉柔润，气血畅通，腠理固密，骨气才坚强有力。

因此，只有调和好五味，不偏食、不多食、不嗜食，生命才能长久。

多么深刻而又朴素的生命道理呀！

五味之所以要讲究调和，那都是根据中国传统的五行学说运行规律，有生命机体的内在需求，不是随意调和的。这才是中华饮食文明的奥妙所在，也是中国美食五味调和的指导思想和最高法则。

一个宰相在厨房里的沉思

根据传说，最先论述五味调和的是中华美食的烹饪之祖伊尹。

伊尹是商朝人，本是一介宰夫，按今天的理解，就是一个厨师，最后却被商汤拜为宰相。他创造了从厨师逆袭为一国之相的典型励志传奇。据说，宰相之所以唤作宰相，也正是由厨师的称谓而来。

伊尹显然是一个五味学说的受用者，更是五味学说的发展者，他清晰地将五味之性运用到了美食的烹制之路上。

伊尹的这个“五味调和”论最早记录在秦时期的《吕氏春秋》《本味篇》里。《吕氏春秋》是这样记录伊尹的五味调和思想的：

> 夫三群之虫，水居者腥，肉玃（音觉）者臊，草食者膻。

恶臭犹美，皆有所以。

凡味之本，水最为始。五味三材，九沸九变，火为之纪。时疾时徐，灭腥去臊除膻，必以其胜，无失其理。

调和之事，必以甘、酸、苦、辛、咸，先后多少，其齐甚微，皆有自起。

鼎中之变，精妙微纤，口弗能言，志不能喻。若射御之微，阴阳之化，四时之数。

故久而不弊，熟而不烂，甘而不哝，酸而不酷，咸而不减，辛而不烈，淡而不薄，肥而不腻。

这段话翻译成现在汉语的意思就是：

说到天下三类动物，水里的动物味腥；食肉的动物味臊；吃草的动物味膻，无论恶臭还是美味，都是有来由的。

味道的根本在于水。酸、甜、苦、辣、咸五味和水、木、火三材这几个因素都决定着味道的走向，烧煮九次味道就会变九次。所以，火很关键，一会儿大火一会儿小火，通过疾徐不同的火势可以灭腥去臊除膻，只有这样才能做好，不失去食物的品质。

调和味道离不开甘、酸、苦、辛、咸，用多用少用什么，全依照自己的口味来将这些调料调配在一起。至于说锅中的变化，那就非常精妙细微，不是三言两语能说明白的。若要准确地把握食物精微的变化，还要考虑阴阳的转化和四季的影响。

所以久放而不腐败，煮熟了又不过烂，甘而不过于甜，酸又不太酸，咸又不咸得发苦，辣又不辣得浓烈，淡却不寡薄，肥又不太腻，这样才算达到了美味啊！

别的暂且不说，在这段关于“五味调和”的论述里，它其实就蕴含着四层意思：

第一层，味道在于调，也就是说，味道是调出来的。这不仅是首次论述“五味调和”的理论，也是首次将五味界定为“调制”的思想；

第二层，五味调和是有先后顺序的，什么时候用盐，什么时候用醋，都有先后顺序，乱则失味；

第三层，五味有多有少，既不是一起放，也不是一样多；

第四层，调味最终要根据个人的口感，也就是说，“五味调和”有着鲜明的个性化色彩，讲究因人而异，不是一刀切。这和中医理论的辨证施治又一脉相承。

美味不是走极端

五味调和的哲学法则和逻辑依据是什么？又该如何来理解五味调和呢？

具体到菜肴的烹制上，要讲究五味调和之法，在实际的操作理念上，中国美食“五味调和”的最高执行原则就是“五味不出头”。这看似平淡的句子里面，其实却蕴含着博大精深的世界运行法则。

何谓“五味不出头”？就是保持五种味道平衡，从味觉上来说，要适口，不能过酸，也不能过咸。不能一上口，就把胃口给伤了。

这里面的灵魂就是“平衡”。

按照袁枚的解读就是“过，则失之”！

就像在银行排队，要保持一米的基准线，过了线，就会对另一种味道造成伤害，不但破坏了味道，还伤神伤身。

关于这一点，《左传·昭公七年》中记载了这样的一段话，是对调味之“和”的最好阐述：

公曰：“和与同异乎？”

晏子对曰：“异！和如羹焉，水、火、醯、醢、盐、梅，以烹鱼肉，燀[1]之以薪，宰夫和之，齐之以味，济其不及，以泄其过。君子食之，以平其心。”

晏子是齐国时期著名的贤相，当时齐昭公向他询问国事，他便以烹饪之事来比喻。齐昭公问他：“和”与“同”有什么区别吗？晏子很坚定地回答说：区别太大了！“和”就像做鱼羹，需要将火、水、醯、醢、盐和梅子等各种因素考虑进去。同时用火加热，还要靠厨师全力调和，让各种味道均和，增强那些味道不够的，减弱那些味道过于浓重的。这样，君主食用之后，才能平静身心。

醯（xī）就是今天的醋，醢（hǎi）就是肉酱，在这段话里是指把鱼先做成鱼酱。济，就是补济的意思；泄，就是减弱的意思。

他的这段话虽然是在论述君臣之间的关系，但借用了菜肴的调和之道进行阐述的，这就从一个侧面揭示了烹饪调味之“和”的效果与境界。而这种表现在烹调技术上的“味之和”又恰恰与

① 燀（chǎn），烧的意思。

儒家文化的“致中和”的思想相吻合。

在五味的调和中，要把五种味道和在一起，补救那些弱的，削减那些过于强悍的。其实就是均贫富的逻辑，既不能让富人太富，也不能让穷人太穷。太穷太富，贫富差距太大，社会就不是一盘菜了。而这一切，都要靠高明的“厨师”来完成。

到了更后的后世，集烹饪思想之大成的著名的京城“谭家菜”，在实际的烹饪思想上就是“五味不出头”烹制理论的典型代表。

谭家菜的创始人谭宗浚先生，是同治二年的榜眼，也是个有文化、有理想的青年才俊。他从广东南海来到京城，带着一身的南菜修为，加之又多次在外地做官，更是个游历中国大江南北，尝遍四海美味的大美食家。

鉴于此，他把南北大菜、四方美味，古今中外的吃食之法汇聚到他家的后院，圆润而又妥帖地将五味调和到一席之上，成就了中国美食的巅峰之作。

尤其他家的“汤头”，更是中庸平和，润泽千里，不落痕迹。

谭宗浚先生对“五味不出头”的理解可以说是已经上升到了一定的境界。

五味调和不是大锅饭

但是，五味调和，五味不出头也不是平均主义。这就是伊尹切切告诫的“五味调和，有多有少”的核心思想。

如果把“五味不出头”片面地理解为五种味道一般齐，一样多，就是典型的教条主义和机械唯物主义了。

在“五味不出头”的基础上，还要尊重一道菜的主味，所以，一道菜品就要有主辅之分。确立了主味儿，其他的就是辅助。

以甜味为主的菜肴，就要确保它的甜味特征；

以酸味为主的菜肴，就要确保酸味是它的主体；

以苦味为主的菜肴，就要突出它的苦味特性。

这就是“五味调和”的辩证法，一切的调味儿都要尊重这个辩证逻辑。倘若把一道以甜味为主的菜肴，弄成了辣味，或者弄成了平淡之味，看似调和了五味，其实是胡来。

所以，五味调和是辩证的五味调和，不是机械的、教条的五味调和。

即便简单粗暴的王莽也很是明白这一点。《汉书·食货志》引用王莽的诏书说："夫盐，食肴之将也。"就是说，盐乃百味之首，酸甘辛苦可以各自成味，而盐则能配合其他的味道。

正所谓，"咸吃味，淡吃鲜"是也。

故此，"五味不出头"，实乃在尊重主味基础上的五味调和，在突出主味前提下的调和，不是粗笨地把酸、甜、苦、辣、咸都一股脑儿地往一盘菜里倒。

这一点，就像把孩子都培养成了平均主义的"五好学生"，其实不是优秀，而是某种意义上的伤害。

另外，更深入一点的"五味调和"不但讲究在一盘个体的菜品上实现五味调和，还要在一席酒宴上保持五味均衡。

一席之肴，不能都是甜的，也不能都是苦的，要平和搭配，有苦有咸，才是生活的要义，更是生活的本质。

因此，五味平衡，不是绝对的平衡，而是相对的平衡。绝对的平衡和平均主义对于美食来说，都是简单而粗暴的伤害。

第六章

食物的格调与性格

尽管商朝的宰相伊尹第一次论述了“五味调和”之事，但是，只要真正读过《吕氏春秋》的人都知道，关于美食的理论，伊尹最为著名的不是“五味调和”，而是“本味论”。

所以，《吕氏春秋》把这一章的篇名定名为《本味》。

“本味论”是在“五味调和”之上的美食理论，也是中华饮食文明的核心理论之一。那么，如何解读这个本味，它里面又蕴含着怎样的逻辑以及伦理呢？

一切味道水知道

在《吕氏春秋·本味》篇中，伊尹在谈及“本味”时，有一句经典论断：“凡味之本，水最为始。”

怎么理解这句话？它蕴含着什么样的哲学道理？

我们知道，凡是对比，必有一个基准参照物。或者说，欲建立一套评判体系，必先建立一个基本的判断标准。

这个东西就像音乐一样，欲奏出美妙的乐曲，必先有一个调音的基准音，钢的琴就是这个基准音的参照系。

美食的道理也一样，必先有一个基准的味道参照样本。我们不可能用酸来界定咸；也不可能用辣来判定甜，用五味中的任何一种味道来判定另一种味道，都会使味道偏离它的味道。

而水，就可以！也只有水，才是味道的参照系。

五味的界定，包括一切味道的界定，都起自于水。水，就是区分各个味性的基准。或者说，它是一切味道的元味。这就是“凡味之本，水最为始”的真正内涵。

水，无色无味，冷静而理性，以它来做判断味道的基准味，就能做到不带任何偏见，不会受任何一种味道意志的操纵和影响。就像色彩中白色所起到的作用是一样的，以白色作为基准，可以调制出各种各样的色彩，以水为基准，才能区分出各种味道的差别和尺度变化。

以水为基，才能区分出什么是咸，什么是淡，什么是苦，什么是甜，什么是辣，什么是酸。

水之味，实乃无味之味也。

因此，当我们说一道菜是咸了，或者淡了，是酸了，或者甜了的时候，其背后隐含的语境就是以“水”为基准依据来做出的判断。

关于水的这一特征，《管子 · 水地》篇也有过经典论述：

> 准也者，五量之宗也。素也者，五色之质也。淡也者，五味之中也。是以水者，万物之准也，诸生之淡也，违非得失之质也。

意思是说，准是五种量器的根据，素是五种颜色的基础，淡是五种味道中和的参照。水则是万物的“根据”，是一切生命的中心和是非得失的判断依据。

儒家也有着这样相同的价值观，在《礼记·郊特牲》篇中，儒家的类似性表述是这样的：

> 酒醴之美，玄酒明水之尚，贵五味之本也；
>
> 大羹不和，贵其质也；
>
> 醯醢之美，而煎盐之尚，贵天产也。

这里所说的“玄酒”是古时祭礼用于代替酒的清水。

玄酒，始于西周。在古人看来，酒有六德，而玄酒的酒德在于教化万民不可忘本。

《周礼·乡饮酒义》里有“尊有玄酒，教民不忘本也”。

《礼记·礼运》中又说：“故玄酒在室……以正君臣，以笃父子，以睦兄弟，以齐上下，夫妇有所，是谓承天之祜。”

玄酒承载着中华民族的传统美德，它教化人们不要忘记饮食的本源。正所谓：“家有玄酒，人有玄德。”这个玄德就是天德，是指天地之间的大德大成。刘备的字号玄德即是取其天德之意。

这里所说的“五味”是指过去的五种味道的酒，就是《周礼》中所说的泛齐、醴齐、盎齐、缇齐和沈齐。

这里所说的“大羹”就是祭祀祖先用的一种肉羹。

肉羹是夏商周时期人们最主要的一种肉类的加工方式，如果是敬献给祖先的则不加任何调料，叫大羹。大羹不和，全靠自然本色，温和文雅，看似没有味道却饱含食物最本真的味道，体现着无为而无所不为的味道之道，后被誉为治理国家和写作文章的至高境界。这就是通常所说的大音希声，大象无形的境界。

这里所说的醯醢，醯是指古代的醋，醢是调制的肉酱；这里所说的“煎盐”就是由天然的海水之卤晒成的盐，其功法就如同用火煎制而成，故称之为“煎盐”。

这一段话要表达的意思就是：酒的味道虽然很美妙，（在祭祀时）却将用作玄酒的圣明之水放在最上边，以表达五味以本为贵，有不忘本源之意。大羹不加佐料来调和味道，是以它的质朴为贵。醋和肉酱虽然味美，却把天然的海盐放在首位，这是以天产的味道为贵。

这都是至高的境界。

其实，在今天的一些影视类节目或者美食评选活动中，我们总可以看到这样的场景：当作为裁判的美食家在评判一道菜的味道时，品尝之前，总是先喝一口白开水来清口。这个专业的行为所起的作用就是让舌尖快速复原到平淡的状态，也就是“水”的状态。只有这样，才能对味道做出准确的判断。

周星驰的电影《食神》就很清晰地表现出了这一点。

当舌尖处于爆辣或者爆麻的状况时，对一切味道的判断都丧失功能，这个时候，即使喝水都是麻辣的。

在平淡中才能咂摸出滋味儿，这就是“水”的价值含义。人生也一样，所以，才有了“平平淡淡才是真”的至理名言。

万味之本，以水为始，这是味道哲学的根本。脱离了这个根本，味道则无从谈起。

正因此，味道不能没有参照系，就像人生不能没有标准一样。

每一根黄瓜都有真性情

大千世界，世上万物，每一种生物都有其不同的品性，并各有其用，各具其妙。

每一个人都有他自己的性格和命运，就像世界上没有完全相同的人一样，世界上同时没有两朵一模一样的花朵，同时也没有一模一样的食物。

就像一个人不能两次踏进同一条河流的原理一样，不同的食材也各有不同的风情和品性。

白菜有着白菜的内心，黄瓜有黄瓜的心情，猪有猪的想法，烤鸭有烤鸭的态度，即使都在烹制那个叫作汉堡的东西，但麦当劳的汉堡和肯德基汉堡的长相也大为不同，味道更是千差万别。

在这一点上，中国的烹饪之祖伊尹早在几千年前就认识得非常清楚，所以，在我们前文里所提到的《吕氏春秋·本味》篇中，他才这样总结：

一般情况下，水里的生物，譬如虾兵蟹将之类的普遍发腥；肉食类动物的味道譬如狼狈之类的大都有臊味；而食草类动物譬如牛羊之类的普遍都有膻味儿。臭的发臭，美的鲜美，各有它们不同的特性。

早在三千年前，古代的美食家就已深刻而熟练地掌握了这一真理。到了大清时期，饮食更为精致的中国美食家们把这个问题说得就更为清晰了。

袁枚在他的《随园食单·须知单》的第一条就明确地指出：

> 凡物各有先天，如人各有资禀。人性下愚，虽孔孟教之，无益也。物性不良，虽易牙烹之，亦无味也。

每一种食物都有它先天的本味儿，就像人一样，每个人都有他先天的秉性，天性和天赋都是天然带来的，不以人类后天的意志改变而改变。

所以，这就决定着每一种食物都有着清晰的差别。其实，不仅不同的食物有着差别，即使同一类食物的不同个体也有区别，哪怕只是细微的差别。

同样的物种，由于地理环境的不同，水土的不同，长出来的相貌和味道就大为迥异，这就是“橘生淮南则为橘，橘生淮北则为枳”这句民谚所讲述的道理。南方的土豆和北方的土豆品性也完全不同，虽然都是大米，但南方的大米和北方的大米基本可以认定它们就不是同一种东西。

再绝对一些地说，即使是在同等条件下共同生长起来的同一种生物也各有不同，在同一块地里生长出来的茄子也各有不同，不但相貌、大小、胖瘦不同，味道也各有差别。

同样的西红柿，先切开的也许就苦涩一些，再切下一个的时候，也许就是甜的。就像我们在同一地摊上采买的西瓜，有的吃着就很爽，有的吃着简直难以下咽。

上天给了不同物种们不同的品性，也给了我们每个人不同的人生。正是由于各有其本，所以，才使得这个世界变得异常丰富和多彩。

因此，认识和尊重不同食材的不同品性，才能更好地调制出鲜美的味道人生。

走进食物的内心

食材各有本性，中国美食烹调哲学的核心要义就是要寻找和发现食物的本味。形象地说，就是通过一系列烹制的手段来调取每一种食材最本真的滋味儿。

是白菜就要寻找它的淡甜，是西红柿就要寻找它的甜酸，羊的肉就要寻找它的香鲜，苦的瓜就要寻找它的苦中带甜。

不过，一般情况下，食物最本真的味道大都隐藏在食物的内心最深处，不轻易展露。就像我们每个人的内心，总是包裹得很深沉，一般情况不轻易表现。同时，很多刚收获的食材也都不可避免地带有它所生长环境的外部气息。譬如，田地里生长的青菜普遍都带有泥土的气息和蔬菜特有的青涩气，即使没有青气，一路风尘仆仆地来到厨房，它们脆弱的枝叶也会沾染上世俗的风尘。

世上没有圆满的完美，美好的事物总是伴有瑕疵。鱼味虽美，却有腥味；羊肉虽鲜，却充满膻味儿。故此，中国美食本味思想的第一要务就是要去伪存真、去杂存本。这也是伊尹所说的“灭腥、去臊、除膻”的根本思想。

现代烹饪界把这一烹饪的程序称为“断生”。

所谓断生，就是去除食物的青气和杂味，从而更恰如其分地凸显出食物的本味，通常的做法都是用开水来“焯”。我们平时在厨房烹制菜肴时，对有些青菜和排骨、鸡翅等一般都会焯一下，这就是断生。

中国的这种烹饪思想和烹饪手段类似中国古老的冶炼之术，不经过一番千锤百炼的锻造，就难以呈现美器的芳华。

中国美食还注重一菜一格，尊重每一道食材的本味，以便不受其他味道的浸染。这也是袁枚在《随园食单·变换须知》中所倡导的思想。他说：

> 一物有一物之味，不可混而同之。

同时，他还说：

> 善治菜者，须多设锅、灶、盂、钵之类，使一物各献一性，一碗各成一味。

这段话的核心思想就是要求司厨者要熟知、尊重并善于发现每一种食材的本味。倘若胡乱掺和，用一种不相干的味道去覆盖另一种味道，都会对食物最本真的美造成杀伤性的破坏。

在中国浩瀚的美食烹饪思想中，还有一句经典的操作口诀："使之味入和使之味出"。关于使之味入我们在这一章里暂且不讲，那么，什么是使之味出呢？

"使之味出"的核心思想就是要通过烹饪的手段，把食物最原初的本味"激发"出来。

如前文所述，大多食物的本味都隐藏在食物最深层的内部结构中，不经过一番精致的打造，或者草草了事，都很难将食物的本味激发出来。

很多烹饪者烹煮的菜味之所以难以下咽，就是因为他们在烹饪的时候，不但没有把食材最鲜美的本味激发出来，在伤害了食物本味的同时，反倒把食物的杂味儿和外部的世俗之气掺入进来。

这样的菜肴，不但不能给人以进食的快乐，反而难以下咽。

不能让食物太孤单

尽管每一种文明都崇尚和仰慕伟大的个人英雄形象，但每一种文明的诞生和缔造仅依靠个人英雄主义的光芒与力量是无法完成。

也就是说，个体的强大虽然值得赞颂，但遍观人类文明史，就会发现每一个个体英雄的光辉业绩都需要衬托和辅佐。用一句滥俗的流行语来注解就是：在每一个成功男人的背后其实都有一个女人的身影。

世上的道理都是一样的，用在美食系统上，我们似乎也可以这样说，每一道精致的菜肴其实也需要其他的味道来辅佐。

这个辅佐，要么是辅料，要么是佐料。佐料之所以被称为佐料，它的本意实际指的就是辅佐之料。

一般的司厨之人或吃家都了解这句通行的法则：盐，乃百味之首。

在通往美味的殿堂之路上，一道佳肴也许可以不用其他佐料来丰富它的味道，但百味之中，至少有九成的菜肴需要咸味来辅佐。

盐，就是“本味”之味的引子。适量的盐，不但可以让食物变得可口，愉悦舌尖，勾引食欲，更能助力食物以提鲜。故此，汉朝时期的王莽在发布诏书时都说：“盐，食肴之将也。”

盐在食物中所起到的作用就像军队的将领一样，它能引领着菜肴走进美味的方向。盐的味，实乃引领食物本味的第一驱动力。

其实，早在先秦时期，中国的古人就已熟练掌握了这个基本原理。中国最早的历史文献资料《尚书·说命》下篇在记载商代的武丁与傅说对话时就说过一句话：“若作和羹，尔惟盐梅。”

可见，用盐和梅来调制羹汤，在当时的广大人民群众中已经是一件非常普遍的事情了，而且把它上升到一个理论隐喻的高度来阐释其他方面的事理。

比这说得更明白的当然还是伊尹宰相。伊尹说：

> 调和之事，必以甘、酸、苦、辛、咸，先后多少，其齐甚微，皆有自起。

这一段话说得再明白不过了，一道美味佳肴的形成，必须有各种辅佐之料的紧密配合才能实现，这也正是我们今天所倡导的团队力量的关键。

没有其他调和之味的相辅相佐，单单一种食物的本味该是多么单调和孤独？

所以，在烹制一道菜肴时，就要求司厨之人要将食材的主次关系和逻辑梳理清楚，确立一道菜品的核心后，将它们完美地融合在一起。

清代的童岳荐先生在他的《调鼎集》里就说："配菜之道，须所配各物融洽调和。"

没有调和的菜就不是一盘整体的美食，在这一点上，袁枚先生说的更是明白，他说："凡一物烹成，必需辅佐。要使柔者配柔，刚者配刚，方有和合之妙。"

好一个"和合之妙"，道尽食材与食材相配而成美味的哲学道理。

其实，不只美食，人间万事，也同样讲究相互配合，实现最终的和谐，和谐是中国人致力追求的最完美的生活。

给舌尖穿上华丽的衣裳

本味又要讲究辅佐，又要讲究用五味阴阳之法调和，又要讲究尊敬和发现食物的本味。这似乎是多重的矛盾纠结与冲突，谁为主？谁为辅？它们之间的逻辑和辩证关系又该如何把握？

很显然，所有的调和都以尊重和激发食物的本真味道为前提，美味佳肴，最终吃的是菜肴本身，而不是调味料和酱汁儿。五味调和出的味道，尽管很诱人，很爽口，但仅靠盐巴和香料的味道是无法满足腹胃的需要，以延续生命体的日常运行的。

人最终吃的是食物，而不是食物之外的调味料。相对于人体的最终需求来说，调和出的香味汁儿毕竟是本味的外在之物。

所以，究其本质，味道的调和都是给食物的本味穿上华丽的衣装，好勾引着你让你赏心悦目地幸福进食。所以，归根结底，所有的调和都要以不遮盖食物的本味为基本前提。

如果把所有的食物都弄得过火过辣，那其实不是在调和，只是为了下饭。它既不符合食物的阴阳和合之道，也不符号五味的调和之道，更遮盖了本味的纯真。所以，一旦失和，年轻的脸庞必然会上火长包。

真正高明的司厨者不会使辣味变得具有那般攻击性，而是使它们变得香辣可人，既能调动味觉的快活，又把食物的本味儿传达给舌尖，才是符合调和之道的辣道。这也正是当代川菜之所以美味的奇妙之处。

那些只把川菜做得爆辣的厨子，实在是没有真正领会川菜的精妙。

所以说，味道的调和之道，实乃一项高妙的艺术，而所有的高妙艺术，究其本质，都是对各种感官的一次“欺骗”之术。

美丽的影像实际是在欺骗视觉，缭绕的香气实际是在勾引嗅觉，美妙的空想实际是在制造幻觉，而美妙的调和实际要诱惑的就是你的味觉。

按理说，没有调味儿，馒头也可以独立成章；没有五味的调和，米饭照样可以独立进腹。但是，如果不把味道弄得华丽一些，那菜肴的味道该是多么的单薄和枯燥！再者说了，它也不符合人体对五味的客观需要。

所以，调味还有一个必须遵循的原则：对于那些本身味道并不明显或者几乎察觉不到本味的食物，通过调和之道让外在的味道进入，以使它的味道变得丰富多彩起来，才符合调和的本义。

还有一点需要指明的是，五味调和理论作为五行学说世界观的一部分，它最早是对食物味性的一种区分认定。古人将最早的食物分出五种味性，这五种味性的酸、甘、苦、辛、咸也都分别是食物的本味。也即是说，有些食物的原本之味就是有的呈甘性，有的呈酸性。

在此世界观的基础上，随着社会文明的进步和五行理论的发展，这五味之论慢慢派生出了两个分支：一个逐渐演绎为中国美食的调和理论；一个衍生成了中医的辨证施治理论。它们共同丰富和扩展了中国美食文明和中医文明。

所以，中国美食和中医都起源于一个共同的文明之根！

在不同的季节里品味酸甜苦辣

中国美食的本味系统是个复杂的体系，分好几层，每个系统既各自独立又相互对应。除了食材自身的本味和一道菜要有各自的本味外，在传统的饮食思想体系内，还讲究每个季节也都要有各自的本味。

/ 1 /

孔子曾经在《论语·乡党篇第十》中提出过一个“不时不食”的理论。这个不时不食的“时”该怎么理解？

按字面来看，“时”应该有三层含义：

第一层，就是时令、节气的概念，按原文来翻译，可以理解为“不符合时令的饭菜，不吃”。今天的烹饪界一般也都采用这个理解。

第二层，就是时辰的概念，这句话也可以理解为“不到一定时辰，就不进食”。这样来理解也没毛病，因为后世也有这样的提法，譬如《吕氏春秋》就在《尽数》篇中说过：

> 食能以时，身必无灾。凡食之道，无饥无饱，是之谓五藏之葆。

它的意思很明显，意在强调：如果能按时有序并且有节制地饮食，身体就不容易被病灾侵袭。吃东西的原则是不要吃得太饱又不要挨饿，这就是保护五脏的方法。

这是从饮食养生的角度来强调按时辰进食的重要性，后来的佛家强调的“过午不食”，其实也是这个道理。

第三层，就是一个纯粹的时间概念。意思就是在一个特定的时间段内将食物吃掉，如果不能在一定时间内把食物吃掉，就不要再吃了。

因为按照周朝的礼法规定，每年的重要时节，周天子和诸侯都要举行大型的祭祀活动。在祭礼完毕后，祭祀时用的祭品都要分发给随行的臣僚，以便让神灵和祖宗的福祉能够尽快惠及每个人，分发的食物就要求尽快食用，甚至强调不得过夜。

三层含义都各有道理，那么孔子自己想要表达的是哪层意思呢？

孔子没有交代，这是孔子及其门徒最大的问题，也是过去对话体著作的通病。就整部《论语》来看，孔子的言论基本都是半句话，就是在和弟子们对话的时候，孔子说的大部分都只是个结论，他不像《黄帝内经》那样，就一个问题通过你问我答的形式详细展开论述，把原理说透。

孔子可能不善于或者不习惯展开论述，只把他自己判断的结果以“语录”的形式传达出来，然后让弟子们自己看着去体会吧。至于这句话是什么背景，它的思想成因和逻辑原理是什么，孔子从来不说，也不做详细的逻辑分析。所以，如果不系统地阅读了解《诗》《书》《礼》《易》《春秋》这些儒家的系列经典，以及后世大儒们的注解，很难真正把握孔子的一言一行到底是个什么具体含义，也不知道他这样说这样做的目的何在。

故此，如果要弄明白这句“不时不食”的语义背景，就要去儒家的其他典籍中去找。

/ 2 /

我们知道，孔子一生奉行的就是“克己复礼”，这个“礼”就是周代的礼法，孔子的一言一行，尤其是知天命之后的孔子，基本都是按照周礼的规定来做的。他之所以勤勤恳恳地奉行周礼，是因为周礼的制定者周公本人正是鲁国的第一任国君，所以周礼又被称为鲁礼。后代的学子之所以跑到鲁国去学礼，也正是因为江湖上普遍公认鲁礼才是周礼的正源。

尽管孔子本人祖上是宋国的，但作为鲁国的大夫，面对“礼崩乐坏”的春秋乱世，孔子毛遂自荐、义不容辞地认为自己有责任、有义务把周公传下来的“礼法”发扬光大，以重拾周代的礼乐秩序，以实现他心目中所认为的“小康社会”。

孔子的所有言行就是在这一背景下展开的。故此，具体到“不时不食”这句话的含义和生成背景，我们就要到《周礼》中去寻找它的源头。

那么，在《周礼》中，涉及因“时”而“食”的规制都有什么呢？

在《周礼》的“食医”一节里有这样一段记载：

凡和，春多酸，夏多苦，秋多辛，冬多咸，调以滑甘。

就是说，凡是调和菜肴，春天要多一些酸味的食物，夏天要多一些苦味的食物，秋天要多一些辛味的食物，冬天要多一些咸味的食物。

什么意思？为什么春天要多一些酸味，夏天要多一些苦味，秋天要多一些辛味，冬天要多一些咸味？这样做的原理和内在依据是什么？

可惜的是，由于《周礼》的内容基本都是冷冰冰的条文，这样做的原因也没有详细的阐述。但比较令人欣慰的是，从对“食医”一职的职责描述中，我们可以清晰地看出，在那个时代，在调制菜品的味道时，每个季节都有侧重的味道。

每个季节侧重的味道是不是就是各个季节的本味？如果是，它这样规制的原理是什么呢？

再查儒家其他经典时，我们就找到了相对应的答案，在《礼记·礼运第九》里有这样一段话：

> 故天秉阳，垂日星，地秉阴，窍于山川，播五行于四时，和而后月生也。
>
> 是以三五而盈，三五而阙，五行之动，迭相竭也。五行、四时、十二月，还相为本也。五声、六律、十二管，还相为宫也。
>
> 五味、六和、十二食，还相为质也。五色、六章、十二衣，还相为质也。

这段话的意思是说，所以天秉持阳气，垂照日月之光；地秉持阴气，开窍于山谷川泽。

五行分布于一年的四季之中，和合交融而后产生十二个月。因此十五天月亮就会盈满，再十五天后就又到了月亏。五行的运行，交替相生。五行、四时、十二个月，循环不断，周而复始。五声、六律、十二管，轮换着变换音调。

五味、六和、十二个月的食物，轮换着以酸、苦、辛、咸、甘作为本味，五色、六章、十二个月的衣服，轮换着以青、赤、黄、白、黑为本色。

这里所说的五味，我们都知道，就是酸、苦、辛、咸、甘。六和的意思就是五味加上调制的“滑”，古人称之为“六和”。十二食就是按照十二个月的顺序，每个月都有相对应的饮食，故称十二食。

“还相为质”，这里所说的“质”，就是根本的意思。这样看时，表达的意思就非常清晰，也就是说，每个月都有各自的本味，即：春季以酸为本味，夏季以苦为本味，秋季以辛为本味，冬季以咸为本味。（其实，根据五行养生理论，立秋之后到秋分这么一个时间段，还有一个“长夏”季，就以甘来做本味。这个“长夏”也称为“季夏”，关于“长夏”，我们在此不再展开论述。）在各季节各自的本味之外，还要调以滑甘，以便适口顺滑而食。

/ 3 /

可见，不但每种食材都有自己的本味，每个季节也都有各自的本味。如果从源头上来说，这每个季节的本味观其实都来自

"月令"中的观点。《礼记·月令》篇，根据太阳的运行和四时的变化顺序，从人的日常衣、食、住、行，以及国家政策的制定都详细做了规定。

在《周礼》看来，四时的变化顺序，不仅仅是季节的变化这么简单，人作为天地间的一部分，也应该按照季节的变化顺时而生，顺时而为。从更深的层面上来说，它所强调的显然更是一种社会的秩序。

从这个角度上来理解，事情就会非常明显，四时之本味不但是一种味道与季节的对应关系，更意味着一种顺序和秩序。孔子之所以"不时不食"，除了有顺应四时而食的意义外，他更想通过"四季"的本味寓意来表达一种社会秩序，如果乱了这种本味秩序，其实就是乱了社会秩序。以"复礼"为最高使命的孔子显然是不想破坏这种顺序的。

这一认知，其实和《黄帝内经·灵枢》的"五味论"，以及和《吕氏春秋·本味》所论述的"本味"，在思想源头上一脉相承。味道之本位顺序不能乱，身体五脏六腑也不能乱，具体到社会秩序上也不能乱。

本味是一切味道调和的根本，本味不立，即使把味道调制得再山花烂漫、雪花纷飞，那你吃到的也都只是一场"假味道"。

第七章

食疗养生的道德关怀

中国的医术起源于巫术，远古时期，巫人既是人与上天的纽带、信使、联系人，又是神性旨意的代言人。巫人的主要工作就是在祭祀时用宰杀的牺牲和食物来敬献天地神灵和祖宗，所以，它代表上天给人类食物、治愈疾病，安抚魂灵。同时，又代表人类向上天敬献、祈祷和感恩。

无论是巫术，还是医术，还是祭祀，还是对食物的敬畏，其实都来自一个共同的起点逻辑。巫医是一个具有两重身份的人，既能交通鬼神，又兼通医药，是比一般巫师更专注于医药的人物。

古代中国的巫、医分离，大约在原始社会与奴隶社会交替之际。到西周时期，这种分离已经比较明显。在西周的王室御医中，已经看不到巫人的职位了。

春秋之时巫医正式分家，从此巫师不再承担治病救人的职责，只是问求鬼神，占卜吉凶。而大夫（医生）也不再求神问鬼，只负责救死扶伤，悬壶济世。此时，医与巫包括医与食的分离已经基本完成。

这是中医产生的前世背景。

如果饥饿是一种病

古代中国任何一个门派的自然科学理论和思想学说，都是传统中国整体哲学理论的分支和具体化，饮食养生、食疗以及中医理论也不例外。其实，它们本身就是一体的。

古代中国的道家哲学以气为宇宙万物的本原，医学上也以气作为中医理论的核心灵魂，亦称精气或精，用在人身上较多。后来道家和医家本身也不分家，成名的道家如晋代的葛洪、唐代的孙思邈等人，既是道家也医家。

老庄学派的代表人物庄子在《庄子·知北游》里说："人为气之聚，聚则为生，散则为死。"

气本身也分阴、阳，我们前面已经论述过，阴阳的平衡协调，是中医学上健康的标志。在中医看来，任何疾病，其实都是因阴阳失衡不调而造成。

在上一章里我们也曾经说过，在古老的中国哲学里，五行原本就是指世界万物中最基本的物质。战国时期的子思、孟子与邹衍把五行的内涵推衍到了人类生活的所有领域，同时又在五行的相生相克上纵深演化。另外，医学也大受五行观念的影响，不仅有众所周知的五脏，还有五体、五志、五液、五色、五味等等，都是具体的推衍。

无疑，天人对应理论对中医学的影响较大，就是在此思想背景下，饮食与具体的医学相结合，在战国晚期结晶出了一部杰出的中医理论著作《黄帝内经》。

《黄帝内经》对古代医学的基本理论做了总结性的归纳，对于生命与气（及精、神），对脏腑，对经络，对阴阳学说与生理，对诸病的机理等等，都有精辟的理论阐述。

所有这些理论阐述，开辟并奠定了中医学的基本理论，从而成为两千多年来中医学的经典理论。后世的中医学理论，虽然有许多的发展，但基本上仍然是《黄帝内经》所阐述的理论原理。所以，《黄帝内经》就成了中国古代中医学理论的开山鼻祖、万世之典。古代中医学的整个体系框架也正由此而来。

这一理论既是中医理论体系的发端，也是食疗体系的发端，更是饮食养生所遵循的基本原理。正是在这一思想体系下，才发展衍生出了食疗理论。

食物就是最好的药

上床萝卜下床姜，不用医生开药方。

火大，喝杯菊花，或者，凉拌个苦瓜。

感冒发烫，熬个梨汤。

在我们的日常饮食生活中，有很多这样关于“以食疗病”“以食养生”的民间谚语、顺口溜和民间土方。可见，食疗意识早已渗透到我们每个人的潜意识里，就像一个固定的编码程序一样，在不知不觉间指导着我们熟视无睹的生活，一旦遇到不适，这种编码就会自发启动。

/ 1 /

在人类社会的早期，植物和动物都是在天地间自然生长着的生物，它们共同分享着阳光、空气和水分，并建立起了你吃我、我吃它、它又吃你的一个食物生态链循环系统。

所以，从生物生长的根上来说，大家都是一体的。

在农业和养殖业没有创立之前，原始人类过着茹毛饮血的生活，他们靠采摘果实、采集草籽、围捕动物生存。正如我们在第一章中所讲述的，这个时候，上古圣人神农氏出现了，他遍尝百草，将可食的植物与不可食的植物区分开来，并开辟了对动植物的驯化，这也就是农业文明的诞生。

各种版本的古史都记录有关于神农氏尝百草的传说，其中以《淮南子》在《修务训》的记录较为详细：

> 古者民茹草饮水，采树木之实，食蠃蛖（luóbàng，一种蚌类）之肉，时多疾病毒伤之害。于是神农乃始教民播种五谷，相土地宜燥湿肥墝（qiāo，指坚硬贫瘠的土地）高下；尝百草之滋味，水泉之甘苦，令民知所避就。当此之时，一日而遇七十毒。

这个记载说明，在神农氏尝百草之前，是没有食材和非食材之分的，反正都是自然生长的物种，都被原始人类拿来充饥。是神农氏通过亲身实践，将食材、药材和毒草区分出来，从而把生民常吃的植物驯化为“五谷”，把有疗疾的物种唤作百草。

这就是上古农业的诞生，也是中药本草的诞生。可见，根据传说，食材和药材在产生的那一天起，就本是一家。

从今天农业史的考古成果来看，这个传说和农业的产生基本是一致的。正是由于神农氏这一伟大的贡献，他被推举为原始华夏部落的领导人之一，从而和黄帝一起成为华夏民族的始祖，神农氏也就是我们今天所说的"炎帝"。

中国第一部药物学著作《神农本草经》正是在这一前提下产生的。从此，中国的先民对各种植物的食性和药性有了最本初的认知，食物不仅有食性，还有"养生性"，成为中医理论的最具特色的核心发现，并成为后世食学和医学的基本思想。

其实，不唯《神农本草经》这样的药物学专著，在其他类型的著作里，也可以看到关于食物具有"药性"的记载。

在《山海经·南山经》里也有这样的记载："抵山之鯥鱼，冬死而复生，食之无肿疾；青丘山之鱬鱼，食之不疥。"

这一段记载告诉我们，中国的先民很早就已经知道有些食物具有某种药性，食之可以治疗某种疾病。这从另一个方面也说明食药的同源性。

到了隋朝时期，在医学家杨上善重新编著的《黄帝内经太素》里，也有这方面的记录："空腹食之为食物，患者食之为药物。"

这话虽然不一定全对，但从古人的理解中足可以看出，在古人的认知里，食物和药物本是一家。

/ 2 /

“阴阳和合”哲学体系下的中国人，每一种食物都被贴上了“阴”或者“阳”以及“寒、凉、温、热”的标签。

食物既可充饥，也可疗疾。

也就是说，食既是食，也可入药，食药不分家。这就是中国最朴素的“食药同源”理论。

从周朝开始，就专门设立有“食医”一职。这一官职既不是后厨具体做饭的庖人，又和医师、疾医这些看病的大夫有明显区分，属于一个单独的部门，就跟现在的保健部门的性质差不多，专业负责领导同志的膳食营养健康。

后世的太医院也是这么演变分化的。

根据《周礼·天官》的记载，这个部门的编制有两个人，按行政级别都属于中士职称，他们的主要职责就是负责“调和四季众味之宜”。《周礼》原文是这么说的：

> 食医掌和王之六食、六饮、六膳、百羞、百酱、八珍之齐。

这里的六食、六饮、六膳、百羞（馐）、百酱、八珍都是王宫日常的宴席和大型宴会的吃食。从这里就可以看出，当时，负责王宫日常饮食调和的并不由厨房来决定，而由“食医”来掌控。通俗一点说，就是庖人只负责做饭，食医则负责五味调和的理论指导。

这里的“齐”，不读齐，而读“斋”。当时“齐”的繁体字写作“齊”，和今天斋饭的“斋”字通用。

那么，“食医”具体负责什么呢？《周礼》也做了详细的规定：

> 凡食齐视春时，羹齐视夏时，酱齐视秋时，饮齐视冬时。
>
> 凡和，春多酸，夏多苦，秋多辛，冬多咸，调以滑甘。

意思是说：给王族们供应的饮食，蒸煮的谷物米饭要像春天一样温和，熬制的羹汤要有夏天的热气，调制的酱品酱菜要具有秋天的凉性，供应的饮品要像冬天一样具有寒性。正所谓温、热、凉、寒是也。

这里所说的温、热、凉、寒指的不是饭菜的温度，而是食物要体现的属性。

在具体烹制饭食时，春天的饮食要以酸性食物为主，夏天要以苦性食物为主，秋天要以辛性食物为主，冬天要以咸性食物为主。

需要特别提示的是，这里千万不要把这段话误读为春天多放醋，夏天多放苦，秋天多放辣，冬天多放盐。此处提到的所有饮食的味道和味性，都不是指具象的事物，而是抽象意义上的味性。

从这一规定就可以清晰地看出，最晚从周朝开始，古人的食医基本是一体的，在日常的饮食时，就已经把“医”加入进来。

所以，从源头上来说，食医本来就是一家，而它们所遵循的最高原则都是共同和共通的，那就是:“四时”和“五行”。

/ 3 /

从思想的本源上来说，中国的饮食理论和中医理论都是建立在“五行理论”和“阴阳和合理论”基础之上的理论体系。无论是日常饮食还是日常治病都完全按照这一体系的法则来实施。

根据阴阳和合学说和五行学说，中国古代的贤者、圣人和思想家们都把食物的属性认定为“阴性”和“阳性”，而中医理论则更前进了一步，把食物的属性界定为“寒、凉、温、热”四性，以此来指导人们的饮食生活、治病实践和养生法则。

《黄帝内经》无疑是这一理论的集大成者和中医的奠基之作，就像我们在前面的篇章里所说的，它将食物的阴阳属性和五味属性与人体对应起来，从而将食物的“药性”确立起来，形成了独特的“食医”理论体系。

《黄帝内经·素问》的是这样说的：

> 毒药攻邪，五谷为养，五果为助，五畜为益，五菜为充。气味合而为之，以补精益气。

药物可以驱逐病邪，这里的毒药就是药物的意思。五谷之气可以滋养五脏之气，五果能辅助五谷充养人体，五畜能补益五脏，五菜能滋养脏腑。根据五行对应理论，这一段话很清晰地说明了日常我们所吃的食物都具有不同的“药性”，食之对人体有不同的作用。

《黄帝内经》推导出的食疗理论是：

> 肝色青，宜食甘，粳米、牛肉、枣、葵皆甘，可食之。
> 心色赤，宜食酸，小豆、犬肉、李、韭皆酸，可食之。
> 肺色白，宜食苦，麦子、羊肉、杏、薤皆苦，可食之。
> 脾色黄，宜食咸，大豆、猪肉、栗、藿皆咸，可食之。
> 肾色黑，宜食辛，小米、鸡肉、桃、葱皆辛，可食之。
> 辛散、酸收、甘缓、苦坚、咸软。

这一段话说得再明白不过了。这既是各种食物的五味之性，也是各种食物所具有的药性，在充饥的同时，不但可以补益身体，还具备疗疾的作用。

总之，先民在寻找食物的过程中，也在不断地发现药材。这一点，从最古老的药物学著作《神农本草经》中就可以看出端倪。该书中的食物类药材占据了很大的比重。很多时候，食物和药物之间并无截然的界限，“用之充饥则谓之食，以其疗病则谓之药”。

故此，从本源上来说，“食材”和“药材”实乃系出同源也。

酒是药的领路人

/ 1 /

从造字结构上来说，医药的医字本来就来自酒。

医的繁体字写作“醫”，上边一个“医”一个“殳”，下边是一个“酉”。《说文解字》给出的解释是：“殹”，治病时的叩击声；“酉”，用以医疗的酒。可见，医疗之术的发明和演进与“酒”是分不开的。在《黄帝内经》中，酒不但是药的引子，更是治疗疾病的主要“药剂”。

曾经潜心研究20年写下了《南阳活人术》的宋代医学大师，同时也是酿酒大师的朱肱，在他所著的《酒经》中特别强调了这一点。他在序言中十分激动地辩曰：

酒味甘、辛，大热，有毒，虽可忘忧，然能作疾……后世以酒为浆，不醉反耻，岂知百药之长，黄帝所以治疾也！

酒，确是百药之长，这一点，在《黄帝内经》中论述得非常充分，该书将酒分为醪、醴，如《汤液醪醴论篇》中是这样说的：

黄帝问曰：为五谷汤液及醪醴奈何？

岐伯对曰：必以稻米，炊之稻薪，稻米者完，稻薪者坚。

这里“汤液”是指五谷煮出的稀液，醪是浊酒，醴是甜酒。

醪醴的制作比较讲究，必须以稻米为原料，以稻草为燃料，因为水稻春种秋收，得天地之气最为完备。

因为酒乃五谷之精，得天地之气，所以才具有了各种滋养人体的功用，《黄帝内经·素问·厥论篇第四十五》中有“酒入于胃，则络脉满而经脉虚”的描述。

《黄帝内经·灵枢·经脉第十》有云：

饮酒者，卫气先行皮肤，先充络脉，络脉先盛，故卫气已平，营气乃满，而经脉大盛。

酒为熟谷之液，其气悍，与卫气性质相似，故入于胃，先从卫气行皮肤而充溢于络脉，经与络不能两实，络脉充满则经脉空虚。

这可以看出酒在体内的运行变化：酒伴随卫气行于体表，充溢于络脉而有活血通络之效。

《黄帝内经·灵枢·论勇第五十》又说：

> 黄帝曰：怯士之得酒，怒不避勇士者，何脏使然？
>
> 少俞曰：酒者，水谷之精，熟谷之液也，其气慓悍，其入于胃中则胃胀，气上逆，满于胸中，肝浮胆横。当是之时，固比于勇士，气衰则悔。

少俞从酒的性质入手，生动地阐明怯士得酒后成为勇士的道理：酒之慓悍之气从胃上逆于胸，使得肝气上溢、胆气充满而勇气大增。

正因为酒乃水谷之精、熟谷之液，其气慓悍而清，因“同气相求”，故伴随卫气行皮肤而充溢于络脉，有活血通络的作用，能使怯士成为慓悍的勇士。同时，更赋予酒各种治疗疾病的功能。

/ 2 /

关于酒的治疗作用，在《黄帝内经·灵枢·寿夭刚柔第六》中说得更为清晰：

黄帝曰：药熨奈何？

伯高曰：用醇酒二十斤，蜀椒一斤，干姜一斤，桂心一斤，凡四种，皆㕮咀[1]，渍酒中……

此处详细介绍了药熨这一治疗方法。酒作为治疗辅剂，起温通经脉、辅助药力的作用。

从前述引文可以看出，《黄帝内经》时代的医家已善用酒来治疗疾病，既有内服醪酒，又有外敷、外搽、药熨等，充分说明他们对酒的运用已经非常熟练。

从单纯用酒发展到酒与药相结合，从内服用药发展到内服与外治相结合，对疾病的治疗手段日趋综合化。《黄帝内经·灵枢·寿夭刚柔第六》中把中药浸渍于酒中，这一方法也开启了后世的药酒、用酒炮制中药的滥觞。

酒的"药性"这么好，篡夺汉朝江山的王莽在发布诏书时都说："酒，百药之长，嘉会之好。"

到了唐代，"药王"孙思邈对酒有"少饮，和血益气，壮身御寒，避邪延秽"和"作酒服，佳于丸散，善而易服，流行迅速"的论断，并在《千金方》中谈起重阳节饮菊花酒以避瘟疫时说："一人饮，一家无疫；一家饮，一里无疫。"

明朝李时珍在《本草纲目》中说：

① 㕮咀：中医用语，用口将药物咬碎，以便煎服。

适量饮酒可消冷积寒气，燥湿痰，开郁结，止水泄，治霍乱疟疾噎膈，心腹冷痛，杀虫辟瘴。

到了今天，酒的“药性”已经广为人知了。

当然，是药三分毒，酒既是药，也是毒，饮之过量，则必伤身，这是毋庸置疑的。

餐厅走廊尽头是药房

食疗不仅是传统中医的宝贵思想，也是美食养生的重要思想。

所谓食疗，就是根据食物“寒、凉、温、热”的特性，通过选择适宜的食物、合理的饮食方法以及良好的饮食节奏来防病、治病、调养身体的一种疗法。

在古代，这种疗法，不仅被民间重视，在医疗界也有巨大影响。

食疗之名，最早见于唐代，孟诜（shēn）在他的《食疗本草》里最先引入“食疗”之名并将之发展成为一个独立的学科。

孟诜本是药王孙思邈的学生，在孟诜之前，孙思邈已经在他的《备急千金方》里专门用一章来整理“食疗”问题，并系统地提出了“夫为医者，当须先洞晓病源，知其所犯，以食治之；食疗不愈，然后命药”的“食疗”思想。可能是和他善于食疗养生有关，孙思邈活了 100 多岁。

在《备急千金方》里，孙思邈专门开了一章来研究总结食疗法，不过名字不叫食疗，而叫“食治篇”。可见，在此之前，运用“食物疗法”用“食”而治是有传统的。

到了孟诜、张鼎（《食疗本草》的增补者）的时候，唐朝的李治当了皇上，是为唐高宗。为了避皇上的名讳，“食治”就不能用了，于是便统一改为“食疗”。食疗随后成为一个独立的门类，既成为饮食养生的理论指南，又是中医养生的理论指南。

在此之前，就有大量关于食疗方面的医学或饮食类著作，《汉书・艺文志》就著录《神农本草食忌》，后来，又陆续出现了一大批以“食禁”“食忌”“食经”为主题的著述。

这些著述或专门论述食物的禁忌，或以烹调料理作为核心内容，虽然或多或少地涉及以食养生、以食治病的内容，但并没有将“食疗”独立成篇。

其实，在前面我们已多次提到，早在周朝的王室，就已经有专门的食医一职：医师，上士二人，下士四人，府二人，史二人，徒二十人。食医，中士二人。疾医，中士八人。疡医，下士八人。同时，还设有膳夫、庖丁等若干人。

根据郑玄的注解，医师就是众医之长，食医就是专门负责调和四季五味、汤液的官员，疾医就类似今天的内科医生，疡医类似今天的外科医生。膳夫是厨房的厨师长，庖丁就是具体掌勺的厨子。

这从一方面说明，食医的意识早已有之。

东晋时期的葛洪在他的《抱朴子·内篇》主张“养生以不伤为本”，在饮食方面应当有必须遵守的注意事项：

> 不欲极饥而食，食不过饱。
>
> 不欲极渴而饮，饮不过多。
>
> 凡食过则结积聚，饮过则成痰癖……
>
> 不欲多啖生冷，不欲饮酒当风……
>
> 五味入口，不欲偏多。

而唐代的孙思邈及其徒弟无疑开创了一个新时代。

在阴阳哲学和五行哲学的指导下，中国早期的饮食类著作和药物学著作可以说是并驾齐驱，并不断相互融合、渗透发展，这一融合发展终于在唐代时期衍生出一个支流。

《食疗本草》将食宜、食忌汇为一书，兼收食疗方剂，体用结合，建立了完整的、符合食忌的“食疗”体系，对后世的食疗普及影响深远。直到今天，我们在厨房所操持的食疗养身之法，无不得益于此。

随后，唐代的昝殷在他的《食医心鉴》里对孙思邈及其弟子的食疗思想进行了继承和发扬，他说：

夫为医者，当须洞晓病源，知其所犯，以食治之，食疗不愈，后乃用药可。

昝殷尤其重视饮食调养，他还说：

饮食失节，冷热乖衷，血气虚损，因此成疾，药饵不知，更增诸疾。且以饮食调理，庶为良工耳。

在这里，昝殷一针见血地指出：如果饮食失节，就会造成疾病，倘若药剂用的不对，病情更会加重。而且，药如果用不好，还会造成其他疾病。

所以说，用饮食来调理身体，实乃最好的办法呀。

另外，南唐陈士良的《食性本草》、宋代陈直的《养老奉亲书》、元代吴瑞的《日用本草》、明代汪颖的《食物本草》、宁源的《食鉴本草》等著作，都从不同层面对以蔬食疗疾做了充分的论述。

不贪图舌尖的快活

/ 1 /

病，大多都是吃出来的，这是道家、养生家、修行家、医家和普通百姓的共识，尤其在今天这个饮食环境和生活节奏下，这个现实问题表现得非常严峻。

《吕氏春秋·尽数》篇中说："凡食无强厚，味无以烈味重酒，是以谓之疾首。"

他想表达的意思就吃东西不要吃得味道太过强烈厚重，也不要用太强烈的味道、浓烈的酒去调味，因为这就是致病的根源。在《本生篇》也表达了同样的意思，他说："肥肉厚酒，务以自强，命之于'烂肠之食'。"

在整部《吕氏春秋》里，吕不韦和他的门客们自始至终要强调的就是，在饮食的问题上，要有所节制，不能纵口腹之欲。其实，他背后的潜台词就是我们今天要说的：病，都是吃出来的。

食能疗病，但如果饮食不当，不知把控，也能致病。

孙思邈就曾在《千金方》中提出霍乱因饮食而起，同时，他还记载了行为方式不仅是疾病的起因，也是疾病复发的原因，他说："不减滋味，不戒嗜欲，不节喜怒，病已而可复作。"

发病的第一原因是"不减滋味"。这就是调味品、下饭菜不要掩盖了五谷的气味。这样的养生主张可见于更早的文献。

其实，孔老夫子所说的"肉虽多，不使胜食气"（《论语·乡党》），也从侧面表达了这个意思。肉虽然多，但不能一味多吃，以至于超过主食之"气"所能承受的最高极限。

《黄帝内经·素问·奇病论篇》中也说：

> 帝曰：有病口甘者，病名为何？何以得之？
>
> 岐伯曰：此五气之溢也，名曰脾瘅。
>
> 夫五味入口，藏于胃，脾为之行其精气。津液在脾，故令人口甘也；此肥美之所发也，此人必数食甘美而多肥也。肥者令人内热，甘者令人中满，故其气上溢，转为消渴。治之以兰，除陈气也。

黄帝问岐伯，有的人有时候口里泛甜是怎么回事？属于什么病，是怎么引起的？岐伯分析说：患病的原因是五味之气向上外溢而引起的，这个病的名字就叫“脾瘅”。

因为五味从口进入胃之后，再由脾把所化的食物精气输送到人体的各个器官。但是，如果脾失去正常功能，津液就会停在脾里并向上泛溢，反应在嘴里，就会让人觉得有甜味儿。这种病发的原因是因为病人常常进食甘美而肥腻的食物所导致。肥腻的食物令人内里生热，甘美的食物令人胸部闷满，致使脾的功能运行不畅，脾热向上泛溢，人就会患上消渴病。像这样的病，只需用兰草将病人体内郁结的热气排出去就可以了。

从原理上来说，上文提到的孔子所说的“肉虽多，不使胜食气”也正是这个原理——肥腻的食物使人内里生热，而甘美的食物又会使人胸中闷满。因此，就会导致脾的运行不正常，致使脾气因热而向上泛溢。

/ 2 /

这以上诸家所论述的其实都想说明一个问题：饮食不当，就会致病。

在这一点上，到后来元代的宫廷御医忽思慧在他的《饮膳正要》里说得更为透彻。

伏睹国朝，奄有四海，遐迩罔不宾贡。珍味奇品，咸萃内府，或风土有所未宜，或燥湿不能相济，倘司庖厨者，不能察其性味而概于进献，则食之恐不免于致疾。

他的意思实质是说，别看各种山珍海味，物华俊美，琳琅满目，但有的燥，有的湿，各种食物的特性有时并不能相济相合。如果厨师们掌握不好，以奢为美，不辨味性，一股脑儿的都上来，看着挺奢华，但真要吃起来，并不一定就好。恐怕吃完了还会得病。

这一点类似我们在过年时的情况，每天大吃海喝的，看似吃的都是好东西，但几天吃下来，一般都会不舒服，有的还会直接犯病。

随后，忽思慧又说道：

若食气相恶则伤精，若食味不调则损形。

若滋味偏嗜，新陈不择，制造失度，俱皆致疾。可者行之，不可者忌之。如妊妇不慎行，乳母不忌口，则子受患。

若贪爽口而忘避忌，则疾病潜生，而中不悟，百年之身，而忘于一时之味，其可惜哉！

以上意思用今天的白话说就是，有时候吃的食物因为食物之气相互冲突就会伤害到人体的精气，如果食物的味性不调就会伤害到人的肌体。故此，如果因为贪于口腹之欲而导致疾病，那就违背了通过食物滋补身体的本来目的，得不偿失了！

这虽然是古人所言，实乃对当下人的警世恒言。许多人正是因为饮食无度、贪于口腹之欲而导致重大疾病。由吃食果子狸和小龙虾所导致的多起怪病事件不能不说是为当下的无度饮食敲响的警钟。

南北朝齐梁时的著名道教思想家、医学家陶弘景在他的《养性延命录·食诫篇》中专门论述了这一问题。

> 饱食即卧生百病，不消成积聚也，食欲少而数，不欲顿多难消，常如饱中饥，饥中饱。故养性者，先饥乃食，先渴而饮。恐觉饥乃食，食必多盛；渴乃饮，饮必过。
>
> 春宜食辛，夏宜食酸，秋宜食苦，冬宜食咸，此皆助五脏，益血气，辟诸病。食酸咸甜苦，即不得过分食。春不食肝，夏不食心，秋不食肺，冬不食肾，四季不食脾，如能不食，此五脏尤顺天理。

这里已经说得非常浅显易懂，我们就不做阐释了。同时，在本篇中，他还专门列举出了各种吃出来的病：

> 久饥不得饱食，饱食成癖病。饱食夜卧失覆，多霍乱死。

时病新差，勿食生鱼，成痢不止。

食生鱼，勿食乳酪，变成虫。食兔肉，勿食干姜，成霍乱。

人食肉，不用取上头最肥者，必众人先目之，食者变成结气及疰疠，食皆然。

空腹勿食生果，令人膈上热，骨蒸，作痈疖。铜器盖食，汗出落食中，食之发疮肉疽。

触寒未解食热食，亦作刺风。饮酒热未解，勿以冷水洗面，令人面发疮。

饱食勿沐发，沐发令人作头风。

荞麦和猪肉食，不过三顿成热风。

干脯勿置秫米瓮中，食之闭气。

干脯火烧不动，出火始动，擘之筋缕相交者，食之患人或杀人。

羊胛中有肉如珠子者，名羊悬筋，食之患癫痫。

暴疾后不周饮酒，膈上变热。

新病差不用食生枣、羊肉、生菜，损颜色，终身不复，多致死，膈上热蒸。

凡食热脂饼物，不用饮冷醋、浆水，善失声若咽。

生葱白合蜜食，害人。

切忌干脯得水自动，杀人。

可见，保持有节制的饮食，不过分放纵口腹之欲，是历代思想家和中医养生家共同的价值准则。

其实，这一理念一直贯穿着整个传统中国的饮食观、养生观和食疗观。只是在当今浮躁世道里，现代人，尤其是都市人，早已把这一古人的优良传统丢掉了。

高明的医生都不用药

不治已病治未病，是中国食疗思想的一个基本理论。我们可以从一则和扁鹊有关的传说中来看出究竟。

魏文王问名医扁鹊说："你们家兄弟三人，都精于医术，到底哪一位最好呢？"扁鹊答说："长兄最好，二哥次之，我最差。"

魏文王又问："那为什么你最出名呢？"

扁鹊答说："我长兄治病，是治病于病情发作之前，由于一般人不知道他事先能铲除病因，所以他的名气无法传出去，只有我们家的人才知道。

"我二哥治病，是治病于病情初起之时，一般人以为他只能治轻微的小病，所以他的名气只及于本乡里。

"而我扁鹊治病，是治病于病情严重之时。一般人都看到我在经脉上穿针管来放血、在皮肤上敷药等大手术，所以以为我的医术高明，名气因此响遍全国。"

这是关于不治已病治未病最形象的一段寓言。

关于这一点，《黄帝内经》也有过详细论述，在《素问·八正神明论篇第二十六》中的这段话就非常精妙：

上工救其萌芽，必先见三部九候之气，尽调不败而救之，故曰上工。

下工救其已成，救其已败。

他的意思是说，医术最高超的医生，会在疾病刚发生时就及早治疗，因为他善于诊察三部九族的脉气变化，能在调和而没有破败时，就及时治疗，所以称之为高明。

而下工却在疾病已经形成，甚至严重时才进行治疗，这个时候已经晚了。

从本质上来说，不治已病治未病的核心思想其实就是食疗养生论，到了唐代，孙思邈在《千金要方·食治卷》的序里就直接把它并入食治体系来进行论述："若能用食平疴，释情遣疾者，可谓良工。"

在这里，直接就说到了用食平疴。可见，在唐代，能不能用食物治疗的办法在"已病"之前就消除病患，解决问题，而不动用药物治疗，不仅是医师们的一种治疗手法，更是衡量一个医者医术是否高明的重要判断指标。

到了元代的宫廷御医忽思慧这里，在前人的基础上，他也已经很明白这一点。在《饮膳正要》的序言里他直接将之升级为食疗养生大保健理论，他说：

> 天之所生，地之所养，天地合气，人以禀天地气生，并而为三才。三才者，天地人。人而有生，所重乎者心也。心为一身之主宰，万事之根本，故身安则心能应万变，主宰万事，非保养何以能安其身。
>
> 保养之法，莫若守中，守中则无过与不及之病。调顺四时，节慎饮食，起居不妄，使以五味调和五脏。五脏和平则血气资荣，精神健爽，心志安定，诸邪自不能入，寒暑不能袭，人乃怡安。夫上古圣人治未病不治已病，故重食轻货，盖有所取也。
>
> ……是以圣人先用食禁以存性，后制药以防命。盖以药性有大毒，有大毒者治病，十去其六；常毒治病，十去其七；小毒治病，十去其八；无毒治病，十去其九。然后谷肉果菜，十养一仅之，无使过之，是以伤其正。

清代的石成金在《食鉴本草》中对所载食物的描述将“治未病”思想贯穿始终，通过食法宜忌强调其偏于“未病先防”而非“纠治已病”的思想。如芥菜，多食易“动风发气”，扰乱全身的气机；若同兔肉食，可生“恶疮”。荞麦其性沉寒，若久食，会导致“动风，心腹闷痛，头眩”诸多不适等。

在介绍这些食物时并未提及其治疗作用，而是以预防疾病为先，提醒人们遵守食法，避免疾病的发生。

总之，是药三分毒，药是一把双刃剑，在治疗疾病的同时，也伤人。就像在耕种时来杀灭庄稼上的虫子一样，也会留下农药残留。

故此，用食疗的方法防病和疗病，不仅是中医们的一种技法和追求，更是一种高境界的养生哲学。

厨师的勺子与医生的刀

中医讲究辨证施治，中餐讲究一菜一格。它们之间有着什么样的内在关联和思想来源？

所谓辨证施治，核心理念就是辩证地对病人进行治疗，不能一概而论。即使是同样的病，因病人体征的不同，施治的方法和用药的剂量都不尽相同。男人和女人不一样，年老的和年轻的也不一样，具体到孩子身上更是不一样。

即使同一个人患上同一种病，在不同季节和不同时辰的施治方法和用药方法也不一样。即使是普通的感冒，也分风寒感冒和热伤风感冒，治疗方法和用药也都截然不同，甚至是相反的。所以，中医上认为，世界上没有完全相同的病人，在具体施治时，每个人的药剂都要有所区别。

这就是中医辨证施治的灵魂，说到底，就是灵活运用以达到治病救人的目的。

在此基础上，张仲景还提出“舍脉从证，舍证从脉”的灵活辨证方法，在讨论治疗中要根据病情的标本缓急，运用先表后里、先里后表以及表里兼治的方法，并对治疗的禁忌，以及针灸综合疗法，都有所论述。

而所谓一菜一格，就是一道菜有一道菜的味道，即使是同样的菜，不同饭店炒制出来的味道也不一样，即使同一个厨师在不同时间炒出来的味道也不一样。具体到食者身上，即便是相同的菜肴，由于人与人之间的差别，不同的人吃到胃里的感觉也不一样，当然，产生的效用也有很大的差别。

这是中餐不能标准化的内在基因，也是中餐哲学的奥妙所在，更是食疗的精要所在，二者在食医同源的原理基础上有着同样的法理本质。

不管是中医的辨证施治还是中餐的一菜一格，它们都有一个共同的哲学思想来源，那就是本味思想。因为，不论是哪一种食材、哪一种药材，它们各有都自己的味道属性和药性，它对应的人也都有不同的体型特征，这从深层的哲学内涵上来说，都是同一个道理。

因此，凡是不符合这一基本哲学原理的，肯定都是伪中医或者说是伪美食。而具体到食疗上，则更要符合这一原理。

荤与素，一枚硬币的正反面

如何养生是中国古代思想界一个恒久的哲学命题。

无论是儒家主张的“修身”，还是道家倡导的“重生”，其实都是一个“养生”的概念。养生的哲学起点逻辑显然是“天道”。

天乃万物之本，人乃阴阳之造化，食五谷之气而生，所以，生命本身要符合天地运行的法则，故此，天道法则、阴阳五行也是养生的哲学起点。

具体到养生现实，最重要的就是“饮食养生”。

这一点，在《黄帝内经》等诸多先贤大哲们的著作中俯拾皆是，我国古代的很多养生著作都是以古代哲学思想为理论依据的，其中包括元气论、精气神说、阴阳五行等学说，这里不再赘述。

饮食养生的一个核心理念就是“饮食有节”。

早在《吕氏春秋·尽数篇》中就谈到了“饮食节度”对养生之道的实践意义，指出不要吃味道过于强烈厚重的食物，也不要用太强烈的味道和浓烈的酒去调味，因为这就是致病的根源。吃能定时，身体不会轻易发生病灾。吃东西的原则是不要吃得太饱又不要挨饿，这就是保护五脏的方法。

吃的时候，嘴要品尝甘甜美味，调和精气，端正仪容，用精神饱满的状态去体验吃的过程，全身都呈现欢愉的状态，都接受精气。喝的时候一定要小口地下咽，端直身体不要暴躁。

宋代之后，专门论述的养生著作极其庞杂，但从其哲学核心的发端思想上来看，基本都沿着这一思想脉络而来。

元代养生大家贾铭在他的《饮食须知》中认为“物性有相反相忌，各物皆损益相半”。

意思就是，食物的物性有的相反有的相忌，食物都有其好的一面，也有其坏的一面，就像一枚硬币有正反两面一样。

同时，他认为任何好的东西都不可“多食”，这一观点在我们今天仍有很大的指导作用。我国自古就有“食有时”与“少吃多餐”的传统。

明代的高濂将古代养生的妙法、修命的秘术以及一些医药偏方都囊括在他的《遵生八笺》之中。

高濂在《三宝归身要诀》中提到“耳目口三宝”。

为什么叫三宝呢？“盖耳乃精窍，目乃神窍，口乃气窍。”

耳朵是精的窍门，口是气的窍门，眼睛是神的窍门。如果耳朵总是被一些嘈杂的声音驱使，那么精就不稳固；如果眼睛总是被色彩驱使，那么神就会发散而不集中；如果嘴巴说话过多，气就跟着你说的话泄掉了，就不能聚集，也就不能达到“气沉丹田”这种效果。这里就提到了精、气、神的重要性，人的健康长寿需要精充、气足、神旺。

大概是受了高濂的影响，后来的陈继儒和美食家李渔都强调应该对饮食持谨慎的态度。

陈继儒认为：

> 修真之士，所以调燮（xiè，调和）五脏，流通精神，全赖酌量五味，约省酒食，使不过则可也。
>
> 又道：日常所养，惟赖五味，若过多偏胜，则五脏偏重，不唯不得养，且以戕生矣。

陈继儒在他的《养生肤语》里强调的就是要调和五味的平衡，就是所说的“中和有节”。谈到五味不调的后果，他阐述道：“多饮酒则气生，多饮茶则气降，多肉食谷食则气滞，多咸食则气坠，多甘食则气积，多酸食则气结，多苦食则气抑。”

总之，厚味、饮食过饱对身体都是无益的。

到了李渔那个时代，他提出了“素食养生”的思想，他特意在《闲情偶寄》里开辟了一章“饮馔部”来表达他的思想，说：“吾谓饮食之道，脍不如肉，肉不如蔬，以其渐进自然也。”

所以说，饮食养生的哲学思想，自古便一脉相承。

第八章

——

烹煮的山河

在今天看来，把饭做熟已经是一个十分简单的过程了，但如果把这一过程放在悠久而漫长的中华饮食文明进化史中来考察，“把饭做熟”就不是一件简单的事。

首先，人为什么要吃熟食？为什么要用火来弄熟食物？食物达到什么程度才叫熟？还有，本来用火烤制就已经可以把食物弄熟了，中国的先人为什么还发明了水煮？最先的水煮是怎么发明的？

另外，中国人怎么就发明了陶罐？它隐含着怎样的天地运行原理？在陶罐之后，为什么又发明了鼎？鼎在烹制食物的过程中的作用是什么？它又被赋予了什么样的内涵？为什么后来烹制食物的器具又变成了天圆地方的灶台和铁锅？

这种种问题的背后，又有着怎样的社会成因和价值判断？它背后的生成逻辑是什么？它和一个民族的生活习惯和文化有着什么样的内在联系？为什么这样制作食物的方式会被延续和传承，并被作为一种文化和生活方式传达到我们今天的灶台之上？

熟的食物供养贤良

在中国传统文化的语境里，“做饭”这个过程被命名为“烹饪”。

那么，烹饪一词是怎么来的？在烹饪的语词后面又有着怎样的文明内涵？

根据字形构造来看，烹者，加热也，下面是个火字，上面的“亨”字，是个象形字，像一个盛食物的器物，本意有“敬献”之意。在下面加上火，原本有弄熟食物以敬献神灵的意思。

饪者，熟也。“食”字旁，指的就是熟的食物。

烹饪之名，最早见于《周易·下经》“鼎卦”的卦辞：“鼎：元吉，亨。”

鼎这个卦画，本卦下卦为木，上卦为火，表现的是木熊熊燃烧之象，象征“鼎器”。

《象》曰：鼎，象也，以木巽（xùn）火，亨（pēng）饪也。圣人亨以享上帝，而大亨以养圣贤。巽而耳目聪明，柔进而上行，得中而应乎刚，是以元亨（hēng）。

以木巽火的意思就是烹饪之意。“巽”为木，有鼓风使入之意，木入火中，以燃鼎器，故有烹饪之象。此处的“亨”字，除最后一个，都与“烹”通用。

将这段卦辞解读翻译成现代汉语就是，《彖辞》说，鼎，表现的就是用它烹饪食物来养人的物象。鼎器之下，木料鼓风而燃烧，就是烹饪的景象。所以，凡是圣人都用烹煮的食物来祭祀和进献给上苍，与此同时，圣人还大量地烹煮食物来养活贤才。

烹煮食物供养贤良，才能使贤人顺从地辅佐帝王，从而让帝王耳目聪明，此时的帝王就能凭柔顺谦恭的美德得到更好的发展。居于中位而又能与在下的阳刚贤者相呼应，所以就能十分亨通。

这就是关于烹饪一词的最早解读，可见，最早的烹饪之意是和鼎有关的。那么，它背后蕴含着什么样的哲学内涵呢？

会说话的烹煮器具

陶罐是谁发明的？古人是怎样通过陶罐将“火”和“水”有机地结合起来用来烹煮食物的？这里面又将透露出什么样的天道哲学？

关于这一点，我们在前面的“阴阳调和”一章中已经有过具体论述，在这一章中，我们对此再做一个详细的分析，算是对未竟之言的一个补充。

按照古代各种文献的记载，陶罐是神农氏发明的。

《周书》佚文中有“神农耕而作陶”的记载。神农氏就是我们所说的既发现了五谷又发现了百草的炎帝。

谯周在他的《古史考》中，也有“黄帝作釜甑”的记载，并说：“黄帝始蒸谷为饭，烹谷为粥。”

神话学家袁珂在他的《古神话选择》中还记载了这样一个神话传说。

青城山建福宫后面有座山，叫丈人山，传说是轩辕黄帝问道于宁封的处所。

宁封因封与宁山，故名宁封。那时，洪水泛滥，人民居于洞穴，每到山下取水，无取水之物，乃以山下湿润泥土为器，易碎，偶烧野兽，宁封于火中得硬泥，遂悟出作陶之理，故传说宁封为黄帝陶正。

从这些神话和传说记载中来看，无论是炎帝还是黄帝，他们都是陶罐的先驱发明者。我国的真正烹饪之术应该是从炎黄时期开始的，正是有了炎黄二帝的发明，中国的先民才真正开启了中餐的烹饪技术革命，从而使古中国进入一个熟食文明时代。

这些记载虽然都是远古时期的神话传说，但对照今天的考古发掘成果来看，无论是从裴李岗文明遗址、河姆渡文明遗址，还是半坡文明遗址、仰韶文化遗址中发掘出的古代陶器实物，都清晰地佐证着神话传说的可信度。

考古挖掘出的新石器时代的陶器有釜、鼎、鬲、甑等器物。釜、鼎、鬲都是用来烹煮的器具，釜底部无足，鬲有三个空心足，鼎有三个实心足。甑就类似今天的蒸屉，可置于釜上或鬲上使用。

釜为圆底，如无支撑则很难作为炊具使用，这又促成了陶灶的发明。

陶灶可以使釜稳坐其上，然后在下面燃烧柴火加热，陶灶发明的时间大约与釜同步。因此，传说中教万民做“釜甑”的黄帝又有生前“教人作灶，死为灶神”之说（见《淮南子》）。

在陶器发明之前，远古人类做饭只有单一地用火“燔”、“炮”和“炙”这些加工熟食的方法，就是“火上燔肉”“石上燔谷”的火炙时代。这些加工方法，要么是把食物直接放在火上烤熟，要么是用泥巴把食物包起来扔在火堆里烧熟。从这些烹制食物的方法中，我们只需从字面就可以看出，这里只有“火”的功用，而没有“水”的功用。

陶器的发明，才使中国的先民真正有条件进入一个“水火合烹”时代，这就开启了中餐的“水火”时代——通俗地说，就是通过火加热水，再用水的热力来烹熟食物的时代——而水与火的合力烹制，恰恰也符合我们在前文里所论述的“阴阳和合”之道，同时这也是中国古老哲学所倡导的“致中和”“中庸”之道的发端。

有了陶制的釜、鼎、鬲、甑等器物，才奠定了后来的蒸、煮、炖、熬等食物加工方法，并烹制出羹、汤、粥、饭等温和的食物，以更温柔地适应人体的消化吸收。

更重要的是，陶器的出现，也为后来的酿酒、制酱、酿醋、腌制、泡菜等饮食的加工方法提供了基础的制作条件，从而掀开了人类饮食文明更新的篇章。

在此基础上，中国才诞生了泱泱辉煌的鼎文化和陶器文化。

后来，伴随着陶制用品和制陶工艺在全球范围内的广泛传播，符合中国烹饪哲学和陶瓷美学的各类器物也漂洋过海，惠及四方万邦，从而推动了全球饮食文明的发展。

今天，当我们在食用用陶制的器物熬煮的食物时，仍能领略到陶制美食的味道之美——那是最原初的烹制文明带给我们的味道记忆，它让我们感触到了原始而朴素的生态之美。

让食物安静地呼吸

每一种食物，甚至每一道菜肴，都是有生命的，即使它们在加工烹制时也都需要呼吸。

一颗青菜或是一粒粮食，在它们被收割到储藏室或者是在被运往厨房餐桌的路上，尽管它们已经离开了生长的泥土和家园，但它们依然需要呼吸。所以，人类在加工和烹制每一种食物的过程中，都要时刻认识到，它们是一个还在生长的生命，还需要呼吸来延续生命。

因此，要尊重它们最后时刻的生长，尽量照顾到它们呼吸的诉求。这是作为一个烹者的最基本的人文关怀素养。

中国古老的酿造业习惯于用陶制的土罐来盛放酒液。一坛新醅的酒，要想获得经年的陈香，最好是把它们装在陶制的容器里，让它们在岁月的幽静中缓缓呼吸。包括各种腌制的酱类食品，豆酱、豆豉和东北腌制的酸菜，在酿制的时候，要想达到最理想的效果，也都需要把它们放在土质的陶缸或者瓦罐里。

包括我们日常烹制的饭菜也一样，我们几乎都有这样的体验：用陶罐熬制出来的老汤味道总是那么浑厚和养人，同等条件下，用陶罐和大铁锅烹制出来的菜肴也总是比不锈钢容器烹制出来的食物更有滋味。

这背后有着什么样的生命原理？

其实，从本质上来说，这一切，都是为了让食物能够缓慢地呼吸，就像我们从远方的水里打捞上来的鱼类，为了让它们的生命能够继续保持鲜活的呼吸，在运送的途中都要给它们提供基本的水源，以确保在遥远的路途上不会窒息，其他的青菜类食物也遵循这样的道理。

酿酒的师傅都知道，刚酿造出来的白酒，具有辛辣刺激感，并含有某些硫化物等不愉快的气味，这样的酒被称为新酒。而新酒只有存放在陶罐内经过洞藏才会获得成熟。

现代科学表明，陶瓷坛在高温烧制过程中会形成微孔网状结构，这些网状结构在贮酒过程中起着呼吸和透气作用，它们能将外界的氧气缓慢地导入酒中，促进白酒的酯化和其他氧化还原反应，使酒质逐渐变好；同时土质的陶坛中还含有金属离子，它们可促进酒分子的重新排列，增强乙醇分子和水分子的缔合能力，加速酒体进入一个相对稳定的状态。

另外，陶坛本身含有多种金属氧化物，在贮存过程中逐渐溶解于白酒中，与酒体中的香味成分发生综合反应，对酒的陈贮老熟具有促进作用。陶坛储存是白酒生产的关键之一。因陶坛材质结构特殊，对原酒储存产生挥发、缔合、氧化还原等一系列的物理变化和化学反应，这使酒中带有的刺激性强的成分，通过挥发、缔合、氧化、酯化等变化而减少，同时反应生成的香味物质使酒达到绵柔、醇和等比较稳定的状态，让白酒更加好喝。

千百年的实践经验证明，陶坛容器透气性好，保温效果好。

如今，纯粮酒香气产生的最佳途径仍是靠陶坛贮存三到五年以上，至今没有别的更好办法。懂酒的人都知道，酱香型白酒在酿造过程中，新酿出来的基酒经过一段贮存期以后，刺激性和辛辣感会明显减轻，口味变得醇和、柔顺，香气风味都得以改善，这就是我们所说的老熟。

正是陶坛这一独特的“微氧”环境能确保酒液继续进行“呼吸作用”，促使新酒在贮存过程中不断陈化老熟，越陈越香。

所以，陶制器皿的伟大奥秘就在于此。

其实，不只中国的陶罐有此功效，欧洲国家用来储存葡萄酒和白兰地以及威士忌所用的橡木桶也是这样一个原理，微量的空气会通过橡木桶空隙进入桶内，让桶内的酒液获得缓缓的呼吸。

红酒和威士忌是有生命的，尽管它们安静地待在橡木桶内，像睡着了一般，但它们并未死去，只是进入了深度睡眠。所以，我们在喝红酒时都要讲究醒酒。

在开瓶之前，红酒的氧化程度是很低的，此时的酒香味还在酒中酣睡，如果此时要喝，喝起来会有种酸涩、果香味淡的感觉。而醒酒的过程，就是让红酒的酒液与空气充分接触，促进酒的氧化，柔化单宁，使其酒香味“苏醒”过来，释放出迷人的香气，降低涩味，使酒的口感更加柔和、醇厚。

所以，在很多时候，我们不主张用不锈钢的器皿来煮制和炒制食物，尽管它们传热很快，但它们冷冰冰不透气的感觉忽略了对食物生命的温柔关怀，让食物在烹饪过程中得到呼吸，是对食物本身的尊重，也是对我们味觉的尊重，更是对生命的尊重。

但事情也并不是教条和机械的，有的需要呼吸，有的就不需要呼吸。

譬如现代的包装业为了延长食物的保质期，不使它们发霉，都采用真空包装或充氮包装，有的还会加上防腐剂。不过，这在一定程度上虽然延长了食物的保质周期，但也牺牲了食物的口感。

食物的发霉和老去是生命的自然规律，但是，人类却需要延长食物的生命以确保长期地维持人类的生存。所以，站在人类生存的角度上来说，我们很难说清是牺牲食物的寿命好还是牺牲它们的口味好。

这是人类和食物间的一个两难，没有答案！

第九章

——

在时光里雕刻味蕾

时光是最美的味道。

很多时候，未经时光洗礼的食物大都是单薄而仓促的，甚至是草率的。只有在食物中融入了时光的元素，滋味才显得厚重、悠远和绵长。

正如庄稼和蔬菜不经过漫长的生长，不经过风霜的洗礼，不经过昼夜温差的变换，它们的滋味就不会醇厚，被快速催生的食物普遍都缺乏营养，味道也寡淡。还如一坛陈酿的老酒，只有经过岁月的收留与刻画，它的内心才会积累出曼妙的醇香。

时光就是最好的烹饪大师，它能将一切味道变得浑厚，而有力量。

时光，是一场宏大的宴席

一坛新酪的佳酿，躲开人间的繁杂，在安静的山洞中，守着寂寞，缓缓清修，历经五十年岁月的沉淀，在一日日的沉思中，随着时光的流逝，渐渐消去初酿时的浮躁和凛冽，从而变得醇厚、绵软而芳香。

五十年后，当这坛陈酿的老酒隔着岁月的辽阔流转到我们的唇边时，一瞬间，曼妙的醇香便荡漾开去，也许只是那么一口，你就能清晰地品尝到时光的味道。此时此刻，荡漾在你唇边的已经不再是酒，而是时光。

有时，时光就是最好的烹制大师，它能将一切味道变得浑厚醇香。

就如同生长的庄稼，被快速催熟的粮食和蔬菜一定没有经过长时间在田野里生长的粮食和蔬菜有味道。所以，一般情况下，生长期短的庄稼肯定没有生长期长的庄稼味道有厚重感。因此，一般情况下，北方一年一熟的大米相对于南方一年两熟或一年三熟的大米，口感上的确要好一些。

这便是时光的力量。

烹饪也是这样一个逻辑。

当我们想煲一锅滋味浓厚鲜香的鸡汤时，会用陶罐或砂罐放在小火上慢慢熬炖，让时光静静地在汤锅中荡漾。只有这样，鸡的鲜香和营养才能润物细无声地地浸入汤中，这样的汤才更有滋味。

最近这两年，餐饮界所热衷的“低温慢煮”其实正是这样一个道理。

历经时光浸润的食物的滋味都比较浑厚，譬如我们前文所说的老酒，譬如经年酿制的大酱，譬如我们经常用来调味的陈醋，都需要在时光中缓缓打磨，才能收获陈年的绵香。尤其陈年的老醋，它酿造时所需要的时光比老酒的时光还要长。

“醋”字的写法就是一个“酉”字加上一个“二十一日”，意思就是在酒的基础上再发酵二十一天才能酿造出老陈醋。

所以，江湖上都有一句流传深广的行话：“酒醋同源，会酿酒的不一定会酿醋，但会酿醋的肯定会酿酒。”在发酵过程中，先得到的是酒，然后再经过修炼才会得到上好的陈醋。

酒是醋的前身，醋是酒的转世。

或许，这是对酒醋关系最形象而贴切的比喻。

这一点，就像中国传统的中医和武林的内功修为一样，不经过时光的磨砺和沉淀，如何能修炼成无上神功？

中国民间有句谚语说："好饭不怕晚。"其实这句话表达的也是烹饪中的时光思想。

民间饭局还有一句不成文的原则：请人吃饭提前三天才叫请，临时通知那不叫请，那是提溜，这样请客会被视为没有诚意。

表面上看，这里面表达的似乎是一个礼节性问题，其实它所蕴含的更是一个烹饪的时光问题。上好的美味是需要充足的时间来准备的，美食不是一时半会儿就能上桌的。尤其是山珍海味，都需要长时间的浸泡发制和腌制，才能引出它的本味，临时上灶，肯定是仓促之作。这样的饭菜不叫大餐，而是快餐。

仓促之作，对于中餐意义上的美食来说，显然是草率的。

在民国时期，如果要请人吃一顿闻名京城的"谭家菜"，那都是要提前半月去通知店家来准备的。有时，甚至还要提前一个月来预定。

清代美食大家袁枚在他的《随园食单·迟速须知》里，也从另一个侧面表达过这层意思："凡人请客，相约于三日之前，自有功夫平章百味。"

意思就是，如果要是有诚意地请人吃饭，那必须得提前三日才行，这里面表达的不仅是一个礼节上的尊重，更有一层时光的原理精神在。所以，北宋初年的宰相吕蒙正在他的《寒窑赋》中写道：

天不得时，日月无光。地不得时，草木不长。水不得时，风浪不平，人不得时，利运不畅。

顺着这句话的逻辑，如果再补上一句话，那就是：“食不得时，滋味不香！”

其实，孔子在《论语》中所说的“不时不食”也有这样一层意思——不经过一定时间的浸润、不到一定的时间，又怎能品尝到人间的千般滋味芳华呢？

这正如一句古诗所言：不经一番寒彻骨，哪得梅花扑鼻香？

美食，是一场漫长的对弈

饱尝人间冷暖和享尽温柔富贵之乡钟鸣鼎食的曹雪芹，对此有着更为深刻的认识——一道“茄鲞”要经过漫长复杂的工艺才能烹制出来，一丸薛宝钗的“冷香丸”最少也须十二年的时光才能得到。而在对妙玉品茶的细节描述里，我们更能瞥见时光的身影。

《红楼梦》第四十一回“栊翠庵茶品梅花雪”中这样写道：

> 先是妙玉捧了一个海棠花式雕漆填金云龙献寿的小茶盘，里面放一个成窑五彩小盖钟，捧与贾母。
>
> 贾母道：“我不吃六安茶。”
>
> 妙玉笑说：“知道。这是老君眉。”
>
> 贾母接了，又问是什么水。
>
> 妙玉笑回“是旧年蠲的雨水。”

……

品饮时黛玉问："这也是旧年的雨水？"

妙玉冷笑道："你这么个人，竟是大俗人，连水也尝不出来。这是五年前我在玄墓蟠香寺住着，收的梅花上的雪，共得了那一鬼脸青的花瓮一瓮，总舍不得吃，埋在地下，今年夏天才开了。我只吃过一回，这是第二回了。你怎么尝不出来？隔年蠲的雨水那有这样轻浮，如何吃得。"

在品位高古的妙玉看来，隔年的雨水泡茶来吃都不够滋味儿，那都是给没品的人吃的，真要想吃出"轻浮"[①]的茶香，那最少也得是五年以上的雪水，而且还一定要是梅花之上的落雪。

这并不是曹雪芹的浮夸之说，关于蜡梅之雪的妙用那都是在医理的。李时珍在《本草纲目》中就对腊雪有专门的记载：

腊雪密封阴处，数十年亦不坏；用水浸五谷种，耐旱不生虫；洒几席间，则蝇自去；淹藏一切果实，不蛀蠹……煎茶煮粥，解热止渴。

可见，充分浸润了时光的香茗该是多么的诱人。有时，只需一杯，就能忘却世事的烦扰，不由自主地被引往一个神秘的太虚

① 轻浮，此处指茶味不凡，宋吴淑《茶赋》中有"轻飚浮云之美"之说。

幻境，知否？知否？应是绿肥红瘦。

这一切，就如同那美妙的蔬香，在宁静的时光里，被缓缓雕刻出沁人心脾的芳香……

当然，需要说明的是，并不是所有的食材都需要经过时光的熬制，有的用时要长，有的就要表现得急切，譬如青菜，吃的就是鲜美，如果教条地也用时光去熬制，青菜的鲜嫩就荡然无存，营养也流失了。

所以，用时光烹饪之事，宜长则长，宜快则快，不能一概视之。这才是正确的时光雕刻美食的哲学辩证法。

阳光，是食物的一种记忆

万物生长靠太阳。

庄稼的生长需要时间，也更需要阳光，只有在时间和阳光的沐浴中，庄稼才能获得足够的营养和能量。

有充足光照的粮食都好吃，譬如新疆的各种水果，哈密瓜、甜瓜和葡萄，你能清晰地吃到它们充分的阳光味道。

庄稼在生长期间需要阳光的拂煦，同样，庄稼成熟后的加工也需要阳光的抚摸。

没有太阳的照耀，就晒不出美轮美奂的葡萄干；没有太阳的照耀，也晒不出甜香可人的红薯干。这都是“阳”的普世价值。

这之中有一个细微之处可能不为一般的食家所留意：阳光在析出果实里的水分的同时，也将阳光的味道注入食物中。所以，潮湿的食物和干燥的食物之间，总隔着一缕阳光的滋味。不仅如此，在阳光下晒干的食物，跟风干的食物和烘干以及阴干的食物相对照，它们之间的味道也都不一样，细致的舌尖都能体会到它们之间的差别。

在阳光下晒制是制作很多酱类食品必需的一道工序，豆豉和豆酱的加工，必须在太阳下暴晒后，才能发酵成上等的豆酱。

当今的重庆酉阳和甘肃河套地区都有一种挂面，都需要挂在太阳下接受阳光的直晒，差一丝阳光，都会使味道大不一样。

至于干辣椒、花椒和东北的玉米、河南的大蒜，都需要挂在庭院里接受阳光的普照。在和煦的阳光里，它们静静地打发着时光，并悄悄地将阳光打包封存在自身的机体中。而后，当它们在进入厨房变成美食时，从它们的芬芳里，你分明就可以吃到它们之中所蕴含的阳光的甜香。

这就像一个慈善的老者，在冬日的阳光下，晒着暖阳，此时此刻，阳光正在不知不觉中给他输送着温暖的力量……

所以，无论是心情沮丧时，还是饥饿时，都要出去晒晒太阳。

第十章

食物的变革与进化

如果说，庄稼和食物的晾晒是“阳”的智慧学，那么，粮食的储藏和腌制就是“阴”的哲学。

晾晒就是要接受阳光的抚摸，而储藏恰恰是要放在阴凉的地方避开日光照射。一“阳”一“阴”之间，构成了中国民生怎样的饮食加工法则？

不过，肯定也会有人提出疑问：既然阳光的味道那么新鲜和甜美，中国的先民为什么还要将新鲜的食物进行储藏、腌制以至发酵？

另外，腌制，是味道的保鲜，还是味道的进化？

发酵，是食物的腐败，还是食物的新生？

在发酵食物的内部结构里，它不经意间又隐藏了怎样的生命密码？

储藏，挽留了食物的时间

树木和庄稼不会在每个季节里都能开花、生长和结果。

春种、夏长、秋收、冬藏，这是天地四时的基本法则，也是人生、老、病、死的基本法则。

度过果实充盈的秋天，所有动物要面对的，就是草木枯黄、大地凋零、万物不生的冬天。

对四时变换相对明显的地区的许多动物来说，冬天是一个严峻的，甚至会因饮食短缺而饿死的季节。所以，冬天来临，如何存活便成为动物们共同的生存难题。

面对此时此景，动物们就发挥出了它们的主观能动性：会飞的鸟儿便迁徙到温暖有食物的地方；那些相对笨拙的动物就干脆冬眠，不吃不喝，睡过寒冬；而稍微聪敏一点的动物则会在冬天来临之前采集足够的果实，贮藏在巢穴中，以便挨过漫长的冬天。

在某些生存的本能上，人和动物基本没什么两样。

早期的人类和动物一样，也会因为饥饿而选择迁徙和游猎、采集。

但随着新石器后期氏族社会的建立，以“家”和“宗族”为精神家园和全部生存哲学的中国先民既没有翅膀可以飞翔，也不会躲在洞穴里睡过一个冬天，但他们却保留了一个作为动物所必备的最基本的生存本领，那就是储藏。

靠天而食的中国生民们必须学会将秋天收割后的庄稼精心储藏起来，才能度过寒冷又短缺的季节性饥荒。

储藏有两种方式，一种是垒筑谷仓；另一种是用盐来保存食物。

垒筑粮仓是动物的本能，这一点，田鼠和蚂蚁也会，它们会在冬天来临之前在田野里打洞建穴；啄木鸟也会，它们会在树上打洞，把种子藏在里面；灵长类的猴子更会，它们会把采集到的果实堆积在山洞里。

智慧的人类就更不用说了，人类不但会建仓储藏，还会分类储藏。

他们不但会把谷物类的粮食储藏在谷仓里，还会把生鲜肉制类的食物放在容器中，中国古老的陶制容器不但可以盛水、煮饭，更给人类储藏食物提供了完美的物理空间。

说到生鲜类食物的储藏，就不能不说到盐。

远古的人类很早就发现了盐具有储藏食物的功能，在没有冰箱的年代，盐就像是食物的保护剂，它凝固了食物的时间，对抗着时光，延长了食物的生命周期。所以，它为人类对抗季节性饥荒提供了良好的设备保障。

但是，在漫长而简陋的储藏过程中，并不是每一次储藏都能将食物安全地保存到来年的春天，即使用稳定的盐，有时也不一定就能奏效——在整个储藏周期内，因储存不善或储存时间过长，有的食物可能因为潮湿导致发霉，有的则可能会发芽腐烂。

通常情况下，腐烂的食物都会扔掉。但是对于本来获取食物就十分艰难的早期生民来说，食物太珍贵了，即使坏了也舍不得放弃，因受饥饿的驱使，即使腐烂的食物他们也会毫不犹豫地把它吃下去。

而人类文明的奥秘就在于此，机缘巧合之下，那些“腐败”的食物吃下去后不但没事儿，而且还挺好吃。

于是，发酵和腌制技术就在这有意和无意、偶然和必然之间被人类发现了，随着后来技术的改进，逐渐进化为人类的一种食物加工技能。

腌制，凝固了食物的容颜

谷物类粮食的“腐败”让人类从中学会了发酵和酿酒，而通过对生鲜肉制品的储藏则让人类学会了腌制。

很显然，在人类通往发酵的文明之旅中，酿酒技术是最早被人类掌握的。

这一点，从中国的古文字中可以看出它的来源途径，无论是前期的“醢”（古时的肉酱）字，还是“醯”（古时的醋）字，还是后期的酱、醋、酵这些字，都是“酉”字旁。

酉者，酒也。这说明，无论是后期的酱油制作还是醋的制作，都是从酿酒的发酵现象中悟出的制作原理。这一点，从古代的典籍中似乎也可以找到旁证，晋代的江统在《酒诰》里这样描述道：

酒之所兴，肇自上皇，或云仪狄，一曰杜康。

有饭不尽，委余空桑，郁积成味，久蓄成芳，本出于此，不由奇方。

这段话的意思是说，酿酒技术，大概起始于大禹时代，具体发现这一技术的也可能是一个叫仪狄的人，也可能是一个叫作杜康的人。

至于酿酒技术的发现，是由于当时的饭没有吃完，又不忍舍弃，就将它们暂时堆放在了桑树的树洞中。时间一久，就散发出了过去所没有的芳香味。于是，就发现了酒。

这估计就是最早的加饭酒的来源。

而在更早的古籍《尚书·说命》下篇中记载着这样一个故事：商王武丁在与大臣傅说之间对话时，武丁说："尔惟训于朕志，若作酒醴，尔惟曲蘖。"

这句话的意思是说，傅说呀，你要对我加以训导，满足我的求知欲望。你对于我来说，就像酿造美酒时所要用的曲蘖。

曲，就是我们今天所说的"麯"，其实就是发酵粉了；蘖，就是谷物类果实发的芽儿，抑或是谷芽，抑或是麦芽。今天都市里的时尚新贵们所追求的洋酒"单一麦芽"指的就是这个"蘖"。

这个故事从一个侧面说明当时用曲蘖酿造美酒已经是民间司空见惯的事了。

《吕氏春秋》、《战国策》和《世本》还都分别记载有这样一个故事：

> 昔者，帝女令仪狄作酒而美，进之禹，禹饮而甘之，遂疏仪狄，绝旨曰：后世必有以酒亡其国者。

故事的大意是说，当时大禹的一个部下酿成了酒，殷勤地献给大禹。大禹一喝，觉得美不胜收，欲罢不能。圣明的大禹遂觉得这种饮品如此诱人，恐怕喝上瘾了会令人失去理智。于是，便很严厉地下旨不准喝酒。并断言说，后世的国君必有因饮酒而亡国的。

前文我们已经说了，在《黄帝内经·素问·汤液醪醴论篇第十四》中，有黄帝与岐伯关于以酒疗疾的对话。

> 黄帝问曰：为五谷汤液及醪醴奈何？
>
> 岐伯对曰：必以稻米，炊之稻薪，稻米者完，稻薪者坚。

这里“汤液”指的是用五谷煮出的稀液，醪指的是浊酒，就是今天的醪糟，醴指的则是甜酒。

从这个对话中可以看出，当时醪醴的制作已经非常讲究了。若要酿造它，必须用稻米为原料，以稻草为燃料才行。因为水稻春种秋收，得天地之气最为完备。

这说明，至少在夏代或者更早的时期，中国的先民早已熟练掌握了利用“酒曲”发酵技术将发芽的谷物类粮食酿酒了。

关于这一点，在多处的古文明遗址发掘中均已经被广泛证实。

几乎与酿酒技术同时被推动的还有腌渍技术。

前文已经说过，盐，不仅能保存食物，延长食物的新鲜周期，而且还能使食物的味道变得更为鲜美，让食物散发出新的魔力。

现代科学也表明，盐不仅有杀菌、防腐的作用，而且它的咸味与食物中分解的氨基酸融合在一起，能调制出令味蕾激动的鲜美。

所以，盐从发现的那一天起，就注定了它必将成为人类味觉世界的主宰。

中国的先民显然很早就认识到了这一原理，并将它运用到日常的饮食生活中，与酒的发酵原理相结合，从而发明了酱菜和腌菜的制作技术等等。

据各种史书记载，早在商代，就已经有了菹和醢之术。菹就是腌渍，醢就是肉酱。尽管提起菹醢会让人联想到关于商纣王残暴杀戮的伤痛，但它至少可以说明在这一时期生民就熟练掌握了腌制的工艺。

菹，类似今天的腌渍，就是指腌制的蔬菜。从“腌”这个字的造字结构上来看，月字旁，指的是肉，最早肯定是用作肉酱的制作。后来，便延伸到蔬菜领域。

《诗经 · 小雅 · 信南山》中有这样的诗句："中田有庐，疆场有瓜，是剥是菹，献之皇祖。"生民们为了不误农时，早一点让皇祖吃到新鲜的瓜果和腌菜，在田间临时搭建了茅庐，吃住都在田野，以便种植、晾晒加工。腌制好了，好尽早地献给帝皇。

根据《礼记》的记载，到周朝时，周天子的王室服务团队里还专门设有醢人和醯人。醢人就是专门掌管做酱的，而醯人则是专门负责酿醋的。明确记载显示，在周朝的食单里，光是各种"酱"就至少有 120 多种："酱用百二十瓮"。

所以，在《论语》的乡党篇中，孔子才在他"十不食"的理论中，切切地表达出了"不得其酱，不食"的"复礼"决心！

事实说明，有了发酵技术，才确保了人类在食物短缺时还能有足够的食物吃。同时，它不仅挽留住了食物的时光，更抵抗了饥饿，还给人类的舌尖提供了一种新鲜的味觉体验。

在一个粮食收获季和另一个收获季之间，发酵，填补了它们之间的空白地带，是它，把人类安全地从食物的这一端运送到食物的另一端。

没有发酵，饮食文明也会因此而减色。

从这个角度上来理解，发酵其实就是美食烹饪的前奏，它给人类的饮食打开了一扇绮丽的窗户。

酱造，让味道缓缓变迁

随着中国发酵技术的不断进步，尤其是对麴工艺的灵活运用，发酵技术被广泛用于谷类食物、豆类食物、蔬菜类食物、奶类食物和肉类食物以及水产类食物等各类食物的发酵中。

再后来，随着历史上多次的人口迁移、民族融合以及“丝绸之路”沿途频繁的饮食文化交流，发酵技术被广泛传播到世界各地，并和其他族群的食物加工技术相互借鉴融合，从而成为全球人民通用的食物加工制作工艺。

今天，我们已经完全生活在一个发酵的食物世界里了。不论餐馆还是自家厨房，凡是目力所及，几乎都能看到发酵的食物。

北京的豆汁和腐乳、东北的酸菜、内蒙古的奶酪、山西的陈醋、河南的发面馒头、四川的豆酱、镇江的酱油、绍兴的黄酒、四川的老窖、贵州的茅台、云南的普洱，以及韩国的泡菜、法国的葡萄酒、苏格兰的威士忌、欧洲的面包等，都是最具代表性的发酵饮食品类。

发酵技术的发明和广泛使用，不但改变了食物的储藏方式，延长了食物的生命周期，确保生民即使在食物生长的枯竭期也能有丰富的菜品吃。更重要的是，它还最大限度地拓展和丰富了食物的口味，尤其是经过发酵后生成的各种调味品，如豆豉、豆瓣酱、腐乳、酱油和醋等调味品的灵活运用，不仅丰富了世界人民的菜肴样式，更给味道的丰富调制提供了多种可能性。

有人说川菜的灵魂不在于辣椒，而在于郫县的豆瓣酱。郫县的豆瓣酱是最具代表性的发酵食品，也正是豆瓣酱的使用，才奠定了“川菜”一菜一格的神奇和味道的丰满与醇厚，更催生出了像回锅肉这样的经典大众菜品。

如果没有了豆瓣酱的回锅肉，还能叫回锅肉吗？所以，回锅肉味道的差别，很大程度上取决于豆瓣酱味道的差异。

还有东北的酸菜和老北京的王致和豆腐乳，我们在吃食这些发酵食品的时候，吃的早已不是食物本身，而是深藏在它内部的浓厚的味道。是它们浓厚的发酵味给了我们不同的口感，满足着我们从味蕾神经到消化系统的全部欲望。

还有我们平时吃的发面馒头，正是由于是发酵头，所以馒头吃起来才略带甜味儿。

喜欢喝酒的人也都知道，正是由于发酵方法和酒曲的不同，才酿造出了不同的酒：白酒、黄酒、啤酒、威士忌、果酒等。

更重要的是，恰恰也是因为对“酒曲”使用的不同，才酿造出了不同味型的酒。浓香型、酱香型、清香型等不同风味白酒的区别，其核心就在于发酵时使用的“曲饼”的差异。

总之，酱造之术就像一个神秘的味道巫师，它在不同的器皿和不同的地域、不同的气候环境、不同的时间内，因发酵方式的不同，历经岁月的沉淀和酝酿，从而升华出万千味型。它们在神奇地调制着我们味蕾的同时，也调制着我们不同的饮食生活……

故此，从整个食品的制作工艺上来说，酱造，其实就是烹饪的另一种表现形式，或者说，它就是一场场美味烹饪大戏的序幕。

发酵，诗意的启示与发现

无疑，中国人是人类历史上最早掌握发酵技术的族群。

同时，从酿造技术上来讲，用曲蘖或曲来造酒也是我们祖先的一项重大发明。这种“糖化”与“酒化”紧密结合的方法俗称“复式发酵”法。在食品科学史上，当欧洲人间接学会这种制曲酿酒技术时，已经比中国晚了好几千年。[①]

有很多人不了解，尤其在当代都市一些所谓的时尚养生一族中，他们中的很多人对发酵和腌制食品缺乏了解，总认为发酵食品不健康，有的甚至还认为发酵就是霉变或者说是腐烂，不是健康食品。

然而，发酵是腐烂和霉变吗？我们的先人发明的这个“发酵”技术到底是个什么东西？

让我们进入现代科学语境中来认识了解下它吧。

---

① 参见洪光住:《中国食品科技史稿》，中国商业出版社 1984 年版。

尽管发酵这一技术早被人们所熟知和运用，但被科学认知和接受，是近200年的事情。

在西方一代代科学家们的努力下，现在大家已经都非常清楚，其实发酵的核心灵魂就是“酶”。

目前科学测定的结果显示，人体和哺乳动物体内含有5000种酶，它们支配着生命体的新陈代谢、营养和能量转换等许多催化过程，与生命过程关系密切的反应大多是酶催化反应。

生物体由细胞构成，每个细胞由于酶的存在才表现出种种生命活动，体内的新陈代谢才能进行。酶是人体内新陈代谢的催化剂，只有酶存在，人体内才能进行各项生化反应。人体内酶越多，越完整，其生命就越健康。当人体内没有了活性酶，生命也就结束了。人类的疾病，大多数均与酶缺乏或合成障碍有关。

酶使人体所进食的食物得到消化和吸收，并且维持内脏所有功能，包括细胞修复、消炎排毒、新陈代谢、提高免疫力、产生能量、促进血液循环。而酶活力一旦被激活后，会使生物体能适应外界条件的变化，维持生命活动。

没有酶的参与，新陈代谢几乎不能完成，生命活动也根本无法维持！

啊，造物主真是神奇，原来，中国古代先民们在有意和无意间而得之的这个“发酵”竟是如此神奇。

此时此景，又不免让人想起一个广泛流传的故事：当西方的哲学和科学家翻越无数山峰最终到达山顶时，发现中国的先贤早已经在那里等候他们多时了。

这个故事用在“发酵”这个技术上，再合适不过了。

今天，以西方科学的研究结论来看，发酵不仅仅是美味烹饪的一种手法，显然也是消化的另一种形式：发酵的过程，其实也是在人体之外的消化过程，预先发酵把食物变得温润，更易于消化。人进食经过发酵后的食物，不但可以减轻胃部的消化压力，而且产生了有利于胃部吸收的物质。用一句最形象的话来表述就是，发酵其实就是提供了一种胃动力！

用一个形象的比喻：对于人体来说，发酵就像给一台计算机外挂了一个硬盘的原理一样，它其实起到的功能几乎就是给人类加挂了一个外置的胃。

难怪，当我们消化不好时要吃酵母片；难怪，发酵食物为什么会如此风靡，并为全球所接受。曾有文章说，如果要说古中国的伟大发明，发酵技术应该算是中国的第五大发明。

所以说，食物发酵，就像是一个神的启示，让中国先民找到了滋养生命和调制味蕾的饮食密码，从而支撑和改变了人类的生命所需和食物结构。

酵母，让日子缓缓变软

正是由于“发酵”食物的重要性，酵母才被广泛开发和使用，尤其现在，各类酵母琳琅满目地挤满市场，成为制作面包、酿制啤酒，加工各类发酵食品的必备材料。

这两年，“酵素”一词也开始广泛流行，被各类小资阶层、时尚达人、健康人士、达官贵人疯狂热捧。

他们突然发现，“酵素”，也就是“酶”这个东西，是维持生命所必需的物质。但令人不安的是，酶竟然还会随着日常的生命活动被消耗掉，所以那些靠颜值吃饭的“时尚人士”便开始千方百计地通过各种手段补充酶，以使生命能够长期地保持着他们想要的鲜活。

其实，在豫东平原的农家，直到现在，他们日常蒸煮馒头等发酵类面食时，基本都不怎么使用酵母，而是采用传统的加麯法发酵，简单地说，麯就是“面头”。

所谓“面头”，就是和好的面，预留下一块，让它自然发酵，培养微生物益生菌。等再次和面的时候，打碎掺入新面粉中，和好面之后，晾晒一会儿，让时光将它缓缓发酵，等即将发泡的时候再做成馒头。

这样，周而往复，一锅锅松软的馒头一天天、一年年、一代代地传承下来，滋养着一代又一代的生命繁衍发展。所以，在河南，馒头被认为是最好吃也是能够常吃的食物。

在四川广大的农村地区，至今仍然保留这样一个传统：在姑娘出嫁前，女家会腌制一坛坛泡菜作为嫁妆的一个独特品种。新媳妇嫁到婆家，第一天的第一顿饭要亲手做一顿泡菜宴。如果大家都觉得好吃，那么这个新娶的媳妇就是一个合格的好媳妇。这个“合格”也有“发酵”的含义，用一句通俗的话来形容，其实，这个姑娘已经经过了生活的“磨合”，变得温柔孝顺了。

近些年来，法国葡萄酒和苏格兰威士忌之所以广受追捧，其根本原因也在于此：它们在橡木桶中缓慢发酵的活动其实是在为人体提供更多的酶。

这正如我们漫长的生活，只有经过了岁月的缓缓发酵，才能找到醇厚绵长的味道人生。

第十一章

—— 砧板上的仪式感

刀工是通向精致美食的前奏，是决定美食走向美食的重要环节。

刀工的优劣对于一个厨师的价值，就像一个剑客的剑术一样，剑法的高低决定着他在武林江湖的名头和地位。所以，一个不会切墩的烹者，也很难烹制出骄傲的美食。

从本质上来说，在烹饪之中，用刀切割食物，是为了人类进食方便的需要？还是烹制美味所必需的工序？用刀切割食物是为了将食物弄碎，还是为了使它更有味道？

不经过刀切的食物更有味道，还是经过刀切的食物更能激发食物的美味？在刀工审美的背后，反映了中国人怎样的社会心理和价值诉求？它背后的哲学依据又是怎样形成的？

伴随着利刃切割食物的咔嚓声，让我们一步步走进食物的内心深处，去体味和发现切割背后的文化内涵。

刀是牙齿的使者

对于同一种食物，用刀切割和用手撕开以及用嘴撕咬，哪一种打开食物的方式，会让你觉得食物的味道更美？

如果要单从获取食物的直接快感来说，用嘴撕咬后就能进食的食物味道会比前两种更有快感。这一点，只要看看《动物世界》，就能深切地体会到，当一头饥饿的狮子用豪迈的大嘴撕开一头小牛的鲜肉时，除了带给我们相对于文明的残忍外，它还能通过这样的进食场景，勾起人类本能意识中对食物的冲动和欲望，以及获取食物后产生的超级兴奋。

食物给所有食者带来的快感都是一样的，这是动物对食物的一种野性本能，人也一样。当饥饿的人第一眼看到食物时，也和动物一样，都急切地想把它吃进肚子里，以便迅速地获得丰满而充分的快感。

基因选择真是一个神奇的工程，为了获取食物，动物们大多都长着一张向前突出的嘴巴和尖利的牙齿。在没有外力的作用下，嘴巴和牙齿就是动物获取食物最直接的工具，或者说，嘴巴是动物们获取食物最天然的武器，而牙齿就是最得力的刀枪。突出的嘴巴不但可以使它们能够快速地战胜猎物、捕获食物，而且也更便于它们撕咬。

在没有完全进化之前，人的嘴巴也基本保持着这样的形态。

然而，并不是每一种食物都能直接用嘴撕开，譬如坚硬的或者带壳的食物。

然而的然而，当饥饿袭来时，没有什么能够阻挡灵长类动物对食物的欲望，于是，便有了发明工具的驱动力。

工具的发明加速了人类进化的进程，从而使人类一步步地走过旧石器时代，趾高气扬地跨进新石器时代。

但是，基因选择似乎也有它不如意的一面，如果将进化前和进化后的人类相对比，我们就会发现，人的嘴巴和牙齿是和工具的发明以及工艺的精良程度成反向发展的。也就是说，当进击的人类发明的武器越发锋利时，人类的嘴巴就会越往后缩，牙齿也随之变得相对柔弱。

尤其在进入新石器时代之后，由于人类的工具技术大为改进，嘴巴作为武器的功能就开始逐渐减弱。于是，嘴巴就开始渐渐向后收缩，不再向前突出。到了今天，我们的嘴巴已经远远落后了鼻子的前突。

如果说工具之于人类的作用是手的延伸的话，那么，工具之上那尖利的刀锋更像是嘴巴功能的延伸，或者说是牙齿的延伸。

工具的进步无疑使人类获取食物的种类变得丰富起来，同时，也使人类获取食物的方式变得便捷和简单。

过去，很多用手不能撕开和用嘴不能直接撕咬的食物，现在在工具的帮助下，已经能轻而易举地进食了。于是，刀具便成了嘴巴和牙齿们更亲密的助手，并因此诞生了以切割为准则的新美食主义……

切割，是一场布道

在中国的先民们就进入文明社会之后，逐渐产生了等级。有了等级，饮食的制度和礼仪开始逐渐讲究起来。

关于饮食的主张，影响最大、传播也最深远的可能就是这句“食不厌精，脍不厌细”了。

“食不厌精，脍不厌细”是中国儒家思想开创者孔子的经典言论，在他之后的两千多年里，这句话被当作精致的美食主义而广为流传，甚至被当作美食烹饪的最高指导思想和境界来追求。

那么，这句话是什么意思？孔老夫子通过它想表达什么？它究竟是不是一种饮食主张？它和刀工哲学有什么关联？它的形成背景又是什么呢？

孔子这句话出自《论语·乡党篇》第八，是该段的第一句。

在这一节里，孔子讲了很多“食事”的主张，譬如“失饪，不食”“不时，不食”“不得其酱，不食”等。这些“食事”被后世的学者和烹饪界普遍解读为“八不食”理论，也有的学者将它归纳为“十不食”。

关于孔子的“饮食思想”和儒家的饮食理论体系，我们在其他章节里还要做详细论述，在此不再详述，本章专门来探讨一下这句话的思想背景以及它和刀工的内在关系。

“食不厌精”的“食”，不是我们今天所理解的食物的泛称，也不是“吃饭”的统称。这里所说的“食”主要是指“五谷之食”，就是专指用五谷做成的饭，其实就是那时候的“主食”了。而“精”，则是指加工相对精细的米。这句话的意思是，吃饭的主食要用最好的米。

不过，这句话怎么理解不重要，它和刀工没什么关系，关键是后一句话中“脍不厌细”的“脍”字。

“脍”，从肉，会声。本义：细切的肉、鱼。

《说文解字》给出的释义是：脍，细切肉也。

这么一来，这句话所透露出来的“刀工意识”就凸显出来：在那样一个时代，为什么要把肉和鱼切细了？切得这么细，是为了看上去好看，还是为了方便进食？以今天的饮食观来体会，把肉切细了比较容易理解，连鱼也要切得那么细是为了什么呢？

而且，如果说“脍”是为了体现刀工精细的话，那么，为什么要用肉字边的“脍”字，而不用竖刀旁的“刽”字或者用竖刀旁的“割”字？

再查《说文解字》中的“刽”“割”二字，分别有着不同的释义。

刽者：从刀，会声，断也。

割者：从刀，害声，本义是指用刀分解牲畜的骨肉。

关于这个割字，孔子在《论语·阳货》中也有提到，说：“割鸡焉用牛刀？”在同一章的《乡党》篇中还说了一句：“割不正，不食。”

从这些句子中我们基本上可以读出三层意思：

第一，孔子那个时候已经有多种的刀法讲究，有细切、切断以及分解牲肉等多种手法，而且，每一种都有不同的切法。

第二，在当时，切割不同的食物已经开始使用不同的刀具，最起码，杀鸡有杀鸡的刀，割牛有割牛的刀。

第三，不同的切法有不同的内涵，譬如切割牛肉时，就叫“分解”，所以才有了“庖丁解牛”这个经典典故。

关于“庖丁解牛”所蕴含的哲学思想我们在下一节里再行论述。

下面我们接着说“脍”。我们所熟知的一个成语有“脍炙人口”，它的本意是指切薄了肉片鱼片烤熟了都特别好吃。从这个成语的组成背景上来看，把肉和鱼切成很细的片片是为了好熟，就像今天我们在涮肉馆和水煮鱼菜馆里吃到的肉片和鱼片一样，切得越薄，越好熟。用筷子夹着一片在热锅里一放，一二三四五六七，数到七秒，起！肉已经熟了。

还有鱼生类刺身，也切成很薄薄的片片，夹起来，蘸着芥末酱吃，也很可口。

难道，孔老夫子想表达的就是这个意思？事情显然没有那么简单。

古人切割食物的仪式感

在《论语》里孔夫子还说了，“脍不厌细”但没有具体去说这样做的原因，后世的经学大师包括郑玄和孔颖达们在这句话后面也没有给出具体的注释。

那么，我们就得从孔子思想的根源上来寻找他的根源和哲学发端。

首先，这句话被辑录在《乡党篇》里。古时所说的“乡党”其实是官家对万民实行礼仪教化的一个宣教场所。这一章的主旨是要通过孔子的行为举止来传达他的主张，以便教化大众。

那么，他在这一章里是想传达什么思想呢？显然是“礼制”思想。我们知道，孔子的一生都在努力追求着“克己复礼”的伟大抱负。而具体到这一章，他想言传身教的无非是“祭祀之礼”和“饮食礼仪”思想。

联系上下文，前前后后说的都是和“食制”有关的内容。在前面的一节他是这么说的：

> 齐，必有明衣，布。
>
> 齐，必变食，居必迁坐。

这里的“齐”，是斋戒之“斋”的古体字，意思是说，斋戒的时候，一定要有粗布做的浴衣，同时，还要改变平常的饮食，住处也要改变。

这显然是在表达祭祀之前斋戒时衣、食、住的礼制规矩。

而在下一节里，意思就更加明显了，他说：

> 祭于公，不宿肉。
>
> 祭肉不出三日，出三日，不食之矣。

它的意思是说，伴着一国之君参加公祭的时候，分得的肉不能过夜。祭祀用过的肉不超过三天，超过三天，就不吃了。这表达的无疑是祭祀礼制下的食礼规制。

按照古礼的规定，大夫和士都要参加天子、诸侯国君的祭祀仪式，天子为主祭，跟随的官员称为“助祭”。祭祀仪式结束后，要把祭祀用的牺牲分给助祭之人，再由他们分赐给自己的家臣，以示分享神恩。分赐这些祭祀用牲的食物不能过夜，以免拖延神意的下达。通俗地说，就是要连夜快办的意思。

可见，这些饮食之礼的规则和讲究显然不是孔子定的，他只是一个遵从守护者。作为一个以恢复“周礼”为毕生追求的儒者，他所倡导的祭祀之礼也好，饮食之礼也罢，其实都是周代的礼仪制度，孔子最多只能算是一个“周礼”的信守者、倡导者，或者说就是一个推广者和宣教者。

那么，在《周礼》中，这些切、宰、割、杀之类的刀工思想是怎么来的？为什么会有这样切、那样割的规定和讲究？它所遵循的法理思想又是什么呢？

我们在前面已经有过详细论述，在古代，祭祀和战争都是国家的最重大事务，是王朝政治的象征，历代王朝设置的六部之一的“礼部”就是专管祭祀、饮食礼仪和教化的。其实，从根上来说，从古代的原始部落到尧舜禹再到夏商周，历代帝王包括万民都非常注重祭祀。但是，第一次真正形成规章制度并以文字形式固定下来的是从周朝开始的，而具体制定这一编制体例的就是通常所传说的周公。因此，后来便把这些“礼”的规章制度称为“周礼”。

根据《礼记·祭义第二十四》的记载，祭祀宗庙之事尤为隆重。

祭之日，君牵牲，穆答君，卿大夫序从。既入庙门，丽于碑。卿大夫袒，而毛牛尚耳，鸾刀以刲（kuī），取膟（lǜ）膋（liáo），乃退。焰祭，祭腥而退。敬之至也。

这一祭礼是说，举行祭祀那天，国君要亲自牵着祭牲，嗣子在国君的对面，卿大夫依次跟随。进入太庙后，将用于祭祀的牺牲拴在庭中的碑上。卿大夫们袒露着胳膊来进行宰杀。在宰杀时，要先取牛耳朵上的毛进献给神灵，因为牛耳朵上的毛在当时看来是最为贵重的。

然后要用鸾刀杀牛，取出牛肠上的脂肪敬献给神灵和祖宗后再退下。接着，再用沉在汤下面的半生不熟的肉来祭祖。只有这样做，才体现出对神灵和祖宗的最高敬意。

儒家的刀法

在《周礼》中，把具体负责祭祀和饮食的称为“天官”，可见有多么重大。在这一套体制中有一个总官员叫“冢宰”。宰，就是宰杀的宰，这原本就是指在家里管吃喝拉撒等日常事务的人。周代建立王制之后，就被提到“天官”的显赫位置，一下子就成了王室的总管了。这也是后世“宰相”一词的来历。其实，就其本质来说，宰相原本就起源于后勤厨房这样的场所，被后世烹饪界尊称为“祖师爷”的商代宰相伊尹，其实也就是从后厨宰夫位置上来的。

这足以说明“饮食之礼”的重要性，所以，《礼记》才有“礼，始诸饮食”的论断。

我们在前面也曾经讲过，根据经学大师郑玄的注解，古人吃饭之前，必先行祭礼，叫作食前祭礼，每年逢重大节日，也都要祭祀。祭祀的对象包括天地日月和星辰，以及祖先和给万民送来食物的人。

食前祭礼主要是要感谢上天和古代的贤者给我们送来了食物，譬如教给万民学会播种的神农氏，当然也包括发明庄稼的“后稷”。这其实就是我们今天所说的感恩，西方的感恩节和这个意思也都差不多。

所以说，说起这事的起源，中国通行的这一套“礼”的体系其实都起源于吃饭。历来吃饭都是头等大事，生民第一要务，这也是“民以食为天”的另一层含义。

在《周礼》的“天官”制下，周朝设置了很多负责日常吃饭饮食的官职和官员，包括膳夫、庖人、内饔、外饔、亨（烹）人、腊人、酒人、盐人、兽人、食医等。总之，凡是和吃饭、食物有关的都有专人专管，跟现在的国务院事务管理局的部分工作性质差不多。

在这些职务之中，具体和割、宰、切等有关刀切事务的最具代表性的有“内饔”和“腊人”。在《周礼》的规制原文中，他们负责不同的事务。

> 内饔掌王及后、世子膳羞之割亨（烹）煎和之事，辨体名、肉物，辨百品味之物。

意思是说，内饔负责周王一家人的肉食、切割、烹煮事务，并负责辨别判断不同肉类、不同器官的名称、部位以及味道。

这里所说的“体名”和“肉物”是指肉的不同部位和不同用

途的脏器，在先秦时代甚至于更前的时代，不同部位的肉和不同的器官都有不同的用途，譬如肩、肋、臂、心、肝、肠、胃、肺的用法都有不同。

关于腊人的职责，《周礼》是这么说的：

> 腊人掌干肉，凡田兽之脯、腊、膴（hū）、胖（pán）之事。凡祭祀，共豆脯、荐脯、膴、胖，凡猎物。

意思是说，腊人负责掌管干肉食物，把猎获的动物肉切割分解后做成肉干、腊肉、大肉片或者小肉片，以供祭祀的时候用。

这里我们必须重点说一下脯、膴、胖，它们都是什么东西。

脯：大家应该都比较熟悉，就是果脯的脯，北京的特产里就有果脯。这里的脯就是指切成片状的咸干肉。在古代，脯有两种，一种是片状，另一种是条状。

膴：意思是薄切的大肉片。显然，有“脍”就有“膴”，有细肉片也就有大肉片，用处各有不同。

胖：它和腊脯相对。有干肉片，相对应就有不干的肉片。胖就是指不干的肉片。

可见，在周代乃至在周代之前，古人对切割之法已经非常讲究，刀法和刀工之术已然不凡。又由于事关祭祀和感恩之重要仪礼，所以，刀工的讲究其实已经上升到一个王朝意识形态的高度，甚至是事关宗庙信仰之要务。恐怕这才是孔子所倡导的“脍不厌细”真正的思想来源，也是我们今天行使切割之法的源头依据。

所以说，“脍不厌细”究其本质，他实在不是孔子个人的饮食主张，实乃古中国社会的一个礼法旧制。只不过，孔子在《论语》里把它强调得达到极致和仪式化了。

为什么要说“贱骨头”

前文已经多次提到包含“割不正，不食”在内的孔子“八不食”主张，通过对《周礼》祭祀礼仪和饮食礼制的检索，我们也已知晓了切割之法的严规实际是周时代的饮食礼制。那么，“割不正，不食”的主张遵循的又是怎样的法理？具体什么样的割法才叫“正”，怎么样又叫“不正”呢？

/ 1 /

由于《周礼》经秦始皇焚书坑儒之后，至汉文帝时才从民间求得此书，有些内容已经散佚，加之周公在制定《周礼》时，更多的是从官员编制和职责进行规制，所以今天的我们已无法从《周礼》中查知这种规定背后的具体思想依据。

但根据后人整理编撰的《礼记》《仪礼》中，我们可以部分地寻找到这一主张的法理依据。

首先，在古人看来，动物不同部位的毛、不同部位的肉、不同的脏器以及不同部位的骨头都有贵贱之分。而且，在不同的朝代，认识也不一样。

《礼记·祭统第二十五》里记载：

凡为俎者，以骨为主。骨有贵贱：殷人贵髀，周人贵肩，凡前贵于后。

俎者，所以明祭之必有惠也，故贵者取贵骨，贱者取贱骨，贵者不重，贱者不虚，示均也。

这段话讲的是，在祭祀的时候，凡是用俎盛祭祀用的牺牲，以牲骨为主。骨头有贵贱之分，尊卑之别。商朝时的人民以牲口的大腿骨为贵，到了周朝，周朝的人则以牲口的肩骨为贵。一般情况下，前面的骨头都比后面的骨头贵。

用俎盛放牺牲，是为了表示，凡是举行祭祀之事，必有恩惠要施舍给参加祭祀的助祭者。在祭祀完毕后，大家都要分发祭品。身份高贵的人就拿前面贵重的骨头，而身份低贱的则拿后面的骨头，以示尊卑有序。

即使身份再高贵的人也不允许重复拿，即使身份再贫贱也不能空手而回，这是为了显示恩惠的公平。

孔子之所以说出“割不正，不食”的言论，从这个《礼记》的祭统来看，显然他说的不是指吃饭的矫情，而是为了维护这种尊卑观念和秩序。这才和他一贯的思想相一致。

即使到今天，我们其实依然部分地延续传承了这种传统。就卤猪蹄来说，显然前蹄要比后蹄贵重，真正上好的卤猪蹄必须是前蹄才有味道。老北京菜中著名的凉菜猪蹄冻，那也必须是前蹄才行。

今天的我们损人时之所以说别人是贱骨头，也许就是这么来的。

/ 2 /

这是从切割分解牲肉分类的贵贱来强调“割正”的严肃性，即使在对脏器的切割上，也有一定之规。

在《礼记・少仪第十七》中，就特别强调了具体的切割之法：“牛羊之肺，离而不提心。”

这句话中的“离”也是一种分割的方法，特指食肺的一种切割方式。不提心的“提”字，有“到”的含义。意思是说，切割牛羊的肺时，不能割到肺的中心。

在周代，牛羊的肺，有两种用途：一种是食肺，就是直接吃食的肺；另一种是祭肺，就是特指用于祭礼的肺。这两种不同用途的肺切割方式也各有不同。

食肺要求在切割时不能割到中心位置，要保证连而不断。这种切割法就叫作“离”，即所谓的“离而不提心”。我们熟知的成语“离心离德”所取的也正是这个切割法的含义，心如果离了，“礼”和“德”也没有了。

古人之所以这样切割，其实也是为了行使食前祭礼的需要。这样切割，便于食者在进食前能够用手指掐着肺的中间部位向神灵和祖宗行敬献之礼。况且，用一双油腻的大手抓着一堆肉来祭祀祖宗，既不雅观，也不恭敬。（根据礼制，古人吃饭前必须行祭礼，以示感恩。）

祭肺则完全就是为了在大型祭祀时用的祭品。祭肺的切割之法要求就要完全分离肺体。因此，这种肺又叫切肺。

可见，古法的刀工之切割都必须遵循一定的法理，这是“礼法”和“秩序”的一种象征，也是对神灵和先祖保持敬意的一种体现。

故此，割不正那显然是不能食用的，因为一旦食用了“割不正”的食物，那就意味着对礼法和秩序的破坏。无论从形式上、礼教上，“孔子们”的内心对此都是无法接受的。

案板上的献礼

凡事必有因，凡是礼法也必有思想来源。

周礼为什么会有这样的规定？是什么样的价值观念促使周公制定出了这样的规制？或者说，他们做出这样规制的法理依据是什么呢？

很显然，那便是天道！

天地运行的法则，是中国一切观念、礼法和规制的根本起源。

这一点，在《礼记·月令第六》的规制中已经表述得非常详细，我们在这里遴选几个小段，以窥全豹。

> 孟春之月，其味酸，其臭羶，其祀户，祭先脾。是月也，天子乃以元日祈谷于上帝。

春季的正月，味道以酸为主，气味以羶为主，祭祀的对象是户神，祭品要用牲畜的脾。在这个月里，天子在第一个辛日（也即初八这一天）来祭祀上帝，以祈求粮食丰收。

这里的味酸和臭羶之义，是完全根据天地五行学说来排列的。因为，在五行之中，酸味和羶气都属木。故此，这个月行使祭祀之事，要用脾。

辛日，也是根据天干地支之数来排列的。这里的臭（xìu）是指气味儿。

孟夏之月，其味苦，其臭焦，其祀灶，祭先肺。是月也，蝼蝈鸣，蚯蚓出，王瓜生，苦菜秀。

夏季的第一个月，味道以苦为主，气味呈现出焦的特征，祭祀的对象应该是灶神，祭品应以牲畜的肺为好。

在这个月里，蛙类鸣叫，蚯蚓开始钻出地面，葫芦瓜开始生长，苦菜开花。

在五行之中，夏月属火，火与苦对应。这个月祭祀，就要用肺来祭祀。

孟秋之月，其味辛，其臭腥，其祀门，祭先肝。是月也，农乃登谷，天子尝新，先荐寝庙。

秋七月，味道以辛为主，气味以腥味为主，祭祀的对象是门神，祭品要以肝为上。

这个月，新一季的稻谷成熟，天子可以吃到新谷了，新收的粮食要先敬献给祖庙。

> 孟冬之月，其味咸，其臭朽，其祀行，祭先肾。
>
> 是月也，大饮、烝。天子乃祈来年于天宗。大割祠于公社及门闾，腊先祖，祭五祀。劳农以休息之。

冬十月，味道以咸为主，气味以朽为主。祭祀的对象是道路之神，祭品要用牲畜的肾。

在这个月里，要进行大型宴饮庆祝活动，并用烝祭的礼仪来祭祀宗庙。天子要向日月星辰感恩并祈求来年依然风调雨顺、五谷丰登。

这个月还要多宰杀牲畜以祭祀国社、祖先和五祀之神。同时，还要慰劳农民，让农民得以休养生息。

根据礼制，每个月都要进行祭祀，每个月都有每个月的祭礼之规。我们只是有代表性地选择了春、夏、秋、冬这四个季节的第一个月的规制。仅从这四个月的规制来看就足以说明，无论是古人的祭祀缘由，还是祭品的选择，还是因此而规定的切割之法，都是完全按照天地五行、阴阳四时的运行法则来制定的。

说到底，这一切礼仪规制的制定依据就是天地之法。

正如《礼记》在《礼器第十》中所总结的那样：

> 礼也者，反本修古，不忘其初者也。
>
> 是故昔先王之制礼也，因其财物而致其义焉尔，故作大事必顺天时。

这个总结就最明白不过：之所以制定这样的礼仪，就是为了让人复返本性，修习古道，不忘初始。

所以说，过去的先王制定礼法，是依照万物的不同性状，并因时而变，制定了相宜的礼制。故此，要行祭祀和重大事务，必须顺应天时。

这就回到了我们本书开篇所讲的天道，上古之时，无论是播种稼穑，还是祭祀饮食，还是烹煮切割，都是完全按照天地四时的运行规律来行事。

这既是中华饮食文明的根，也是古法烹饪行使切割的法门！

庖丁解的不是牛，而是社会

在儒家看来，“刀工”是祭祀之道和社会礼法的一个部分，同时，切割之法也是顺应天地的饮食之道。

那么，在道家的理论体系里，刀工意味着什么呢？

相对于儒家的现实政治理论架构来说，道家更热衷于站在现实之上抽象地思辨天地之道。老子，包括庄子在内，并不是不熟悉《周礼》之制。也许，作为周王室曾经的“史官”，老子对《周礼》体系的了解比鲁国的边缘型官员孔子还要更多一些，这可能也是孔子之所以向老子问道的原因。

因此，在先秦道家的著作里，很难看到他们为了这点日常生活事务而教育世人怎么做才符合礼仪，他们一般都在天地间遨游，没有心情去关注厨房切割之法的教化。

在整个《道德经》里，和吃饭有关联的事，老子就说了一句：“治大国若烹小鲜。”这说明老子不是不懂日常的烹饪之术，如果不具体了解烹鱼的技法，他也不至于说出这么细节的论断。至于如何解读这句话，我们将在后面的章节里详细论述。

庄子更是一个不愿被世俗伦理事务纠缠的梦游者，他整日在梦与非梦之间，在庄周与蝴蝶之间来回穿越，醒着的时候就编排一些儒家学派的段子，奚落一番孔子及其门徒。

老庄不谈世俗事务，但这不代表他们不了解春秋战国时期世俗之上的生活法则。相反，无论从他们对事理的发散阐述上，还是从他们列举的段子和寓言里，我们都能清晰地读出老庄们对当时现实政治和日常人伦的精到见解。

最具代表性的是庄子在《养生主》里讲述的“庖丁解牛”的故事，在这则寓言里，庄子就对先秦时期的切割之术进行了精彩的描述，并将它升华到一个玄妙的哲学高度。

限于篇幅，我们不再引述古文原文，直接翻译成现代汉语：

厨师给梁惠王宰牛。手所接触的地方，肩膀所倚靠的地方，脚所踩的地方，膝盖所顶的地方，哗哗作响，进刀时豁豁的，没有不合音律的：既合乎《桑林》（商汤时代的乐曲）舞乐的节拍，又合乎《经首》（尧帝时的乐曲）的节奏。

梁惠王说：“哇，好啊！你杀牛的技术竟如此高超？”

厨师放下刀说：“我所爱好的，是万事万物的规律，已经超过技术本身了。我最开始宰牛的时候，眼里看到的都是牛；三年以后，我眼里的牛已经不是整头的牛了。

“现在，我杀牛的时候，完全是凭精神和牛接触，都不用眼睛去看，完全根据牛天然的生理结构，击入牛体筋骨之间的缝隙，顺着空隙进刀。依照牛体本来的构造，筋脉经络相连的地方和筋骨结合的地方，尚且不曾拿刀碰到过，更何况大骨头呢！

“技术好的厨师每年更换一把刀，他们依靠的是用锋利的刀刃割断筋肉；一般的厨师每月就会更换一把刀，因为他们是用刀来砍断骨头。如今，我的刀虽然已经用了十九年，所宰的牛有几千头了，但刀刃的锋利就像刚从磨刀石上磨出来的一样。那牛的骨节有间隙，而刀刃很薄；用很薄的刀刃插入骨节的空隙，宽宽绰绰的，刀刃的运转就很有余地。因此，十九年来，刀刃还像刚从磨刀石上磨出来的一样。

“即使如此，我每当碰到筋骨交错聚结的地方时，仍然小心翼翼，全神贯注，动作轻缓，下刀也很轻，然后豁啦一声，牛的骨和肉一下子就解开了，就像泥土散落在地上一样。

“每当完成这一过程后，我就提着刀站起来，环视四周，心满意足，然后才把刀擦抹干净，收藏起来。”

梁惠王说：“啊呀呀！我听了您的这番话，已经懂得了养生的道理了。”

在这则寓言里，庄子用他诡异的笔法为我们描述了一个庖丁解牛的神奇刀法和关于他解牛的境界的故事，正当我们随着他的笔法像听音乐一样惊愕地张着嘴巴游走在空中时，咔嚓一下，就被梁惠王“啊呀呀”一声摔到了地面。

多么玄妙的哲学道理呀，不知道梁惠王（或者庄子本人）怎么突然就把它矮化理解到养生的层次上了呢？

那么，这则寓言，除了他们想表达的养生道理，其中还蕴藏着怎样的哲学内涵呢？

/ 1 /

王国维在《人间词话》里阐述艺术的三重境界时，曾用了三句词来描绘不同层次的心境：

第一层境界是：

> 昨夜西风凋碧树，独上高楼，望尽天涯路。（晏殊《蝶恋花》）

在这一层境界里，对于一个刚入门的初学者来说，艺术的灯火闪烁在无尽的远处，一个人在秋天的萧瑟里，孤独地走在高楼的凉台上，任凭怎么努力，都始终找不到前进的方向，以至于无数次地心绪沮丧。

这一层境界对于一个初学烹饪之道的年轻后生也是一样。先练习切墩，刚上来的时候，和这位庖丁看到的事物是一样的，满眼都是一头整牛，就像满眼都是一颗没有去皮的土豆，怎么切都不得其法。不知切坏了多少锋利的刀刃，牛肉就是切不成纸一样的薄片，土豆丝就是切不成发丝一样的细条。

这个时候，他的眼里只有牛，只有土豆，恨不得用牙来咬，恨不得把牛肉和土豆放在一口大锅里炖成土豆烧牛肉了事，又恨不得把土豆和牛肉都剁成烂泥。此时，他完全看不到远处的灯火，就像一个刚学驾驶的新手，在他的心里和目光中，只有晃动的方向盘，而没有远方的方向。

自卑、怀疑甚至是绝望笼罩着他的内心，多少次都想一弃了之。

这样蹒跚着到了艺术第二层境界：

衣带渐宽终不悔，为伊消得人憔悴。（柳永《蝶恋花》）

这个时候，经过长时间的接触和练习，初学者已经成长为一个艺术或者一门技艺的爱好者和追求者，他没日没夜地研究牛肉和土豆的切割之法，茶饭不思，寝食难安，人也消瘦了，精神也憔悴了，连做梦都是如何切割牛肉和切土豆，并暗暗发誓，即使自己掉下十斤肉，也要切好牛肉和土豆。

这个时候，他的境界就像寓言里这位三年后的庖丁一样，眼睛里已经没有了整头牛和整块土豆，他的眼睛里只有如何切割和分解。虽然把土豆丝切得还不像淮扬菜里的文思豆腐那样精细匀称，但最起码用来炒个上等的酸辣土豆丝还是可以的。

这样不知不觉中就到了第三层境界：

> 众里寻他千百度，蓦然回首，那人却在，灯火阑珊处。（辛弃疾《青玉案》）

光是切牛肉和土豆花了好几年时间，熬走了多少个日日夜夜，切坏了多少把卷刃的刀，切割了多少头牛，切去了多少麻袋的土豆。突然在某一天，再提起刀时，每一刀下去，他已经忘记了什么是刀，什么是牛肉，什么是土豆，他听到的是天籁的咔嚓声，伴着这咔嚓咔嚓的旋律，刀随心走，心到刀至，人刀合一，似乎连自己都不存在了，他切割牛肉的手法就像是在跳着一曲优雅的舞蹈，到最后，只剩下舞蹈。

众里寻他千百度，原来他就在不远处。

这个时候，他切割的已经不是牛肉，而是肉和骨头之间的空隙，甚至是天地之间的空隙。在他的眼里，那一整头的牛，只有空隙和纹理，而且那个空隙就像天地间的虚无一样，无边无际，任他自由来去。

/ 2 /

整个过程，就是庄子在寓言中最后所表达的：现在，我凭精神和牛接触，而不再用眼睛去看。蒙着眼睛就能把土豆切成天女散花，这种高妙的境界，正如金庸先生在《倚天屠龙记》里描述张三丰传授张无忌太极剑法一样——

> 张三丰说："无忌，我这套太极剑法，你记住了多少？"
>
> 张无忌说："一大半。"
>
> 张三丰说："不错！"
>
> 然后又问：
>
> "现在还记得多少？"
>
> "已经忘记一大半了。"
>
> "难为你了。"
>
> ……
>
> 最后，张三丰说："还记住多少？"
>
> 张无忌说："已经全忘了。"

然后，张无忌就凭着这套"全忘了"的剑法一举将玄冥二老拿下。

这就是太极的真谛，也是一切艺术和技术的最高境界，那就是“物我两忘”，用一句最高深的理论改过就是“无招胜有招”。

这是道家切割之术的玄妙心法，它不像儒家的切割之术那样，一上来，满脑子想到的都是切割之礼，战战兢兢、小心翼翼，生怕一刀下去，没有割正，孔子和官员们都不吃了，那就尴尬了。不吃还无所谓，弄不好还要被杀头，这饭吃得就太“礼教”了，艺术的情趣已荡然无存，又如何感知天地间的旋律和美好？

一个屠夫被揍的社会学解读

中国烹饪的切割之道就在王朝的御膳房和儒家“四书五经”中指导着世间“厨房”的烹煮之事。

以人间伦理为章法的儒家切割之法和以“物我两忘”为内功心法的道家切割之道在浩渺的世间沿着两个不同的方向发展着。

到了十四五世纪，随着世俗社会意识的觉醒，切割之法反映在文人士大夫的文本上的时候已经越来越从严肃的“祭祀之礼”的祭坛上走进民间，向着世俗化的市民生活进行着叛逆式的转变。

这一点，早在北宋末南宋初时孟元老的《东京梦华录》里就已有体现，到了明清时期，从小说中的描写已经清晰地呈现出来，而最具代表性的就是施耐庵在《水浒传》中关于屠夫镇关西切肉的描写，几乎可以说是充满了世俗式的狂欢。

古代的屠夫有很多，著名的有张飞和樊哙，但对他们如何切肉的细节描写几乎都没有，在《水浒传》中却有生动的细节描写。

我们且来回看一下在鲁提辖的监督下，镇关西是如何切肉的：

且说郑屠开着两间门面，两副肉案，悬挂着三五片猪肉。郑屠正在门前柜身内坐定，看那十来个刀手卖肉。鲁达走到门前，叫声“郑屠！”郑屠看时，见是鲁提辖，慌忙出柜身前来唱喏道：“提辖恕罪！”便叫副手掇条凳子来，“提辖请坐。”鲁达坐下道：“奉着经略相公钧旨：要十斤精肉，切作臊子，不要见半点肥的在上面。”郑屠道：“使得——你们快选好的切十斤去。”鲁提辖道：“不要那等腌厮们动手，你自与我切。”郑屠道：“说得是，小人自切便是了。”自去肉案上拣了十斤精肉，细细切做臊子。

这郑屠整整的自切了半个时辰，用荷叶包了道：“提辖，叫人送去？”鲁达道：“送甚么！且住，再要十斤都是肥的，不要见些精的在上面，也要切做臊子。”郑屠道：“却才精的，怕府里要裹馄饨，肥的臊子何用？”鲁达睁着眼道：“相公钧旨分付洒家，谁敢问他？”郑屠道：“是合用的东西，小人切便了。”又选了十斤实膘的肥肉，也细细地切做臊子，把荷叶包了。整弄了一时辰，却得饭罢时候。

郑屠道：“着人与提辖拿了，送将府里去？”鲁达道：“再要十斤寸金软骨，也要细细地剁做臊子，不要见些肉在上面。”

郑屠笑道："却不是特地来消遣我？"鲁达听了，跳起身来，拿着两包臊子在手，睁着眼，看着郑屠道："洒家特地来消遣你！"把两包臊子劈面打将去，却似下了一阵的"肉雨"。

这在今天的超市或者肉摊上，将整块的肉根据不同消费者的需求为他们分切成不同类型的肉丁或肉块，已经都不是什么事了。超市的冰柜里也有各种已经切好的肉丁，可以自由选取。不过，从这段文字的描写中可以看出，这在当时还不是一项必需的服务。所以，郑屠才有了"消遣我"的羞辱感。

《水浒传》描述的虽然是北宋时期的社会生活，但本书的作者施耐庵先生却是明初时期的人，在叙述这些细节的时候，不可避免地会引入当时的社会生活场景。从本段描写中，我们足可以看出在当时的市井民间，屠夫们在切肉前已经不再进行《周礼》中那严格的"祭祀"仪式。郑屠一上来，提刀就切，也不双手合十，向天地感念一句。

郑屠的被揍，从小气候上来说，是郑屠个人的嚣张和鲁提辖的仗义打抱不平，但从整个社会文化心态的大背景上来看，是一个时代礼仪跌落的缩影。

此时的切肉之法，除了在皇家和官方大型祭祀活动的祭坛上还因循着儒家的旧制外，市井的切肉早已没有了《礼仪》中所教化的严肃和威仪。店主在切肉的时候，首先想到的不是"经略相公”家是不是为某种礼仪祭祀之用，他第一反应的倒是实用的“馄饨”。以此观之，世俗化的生活在一个“混沌”的吃食中实现了民间性的自由狂欢。

而此时，道家的后继者们早已退隐山林，开启了他们“喝风食气、炼丹修仙”的隐逸人生……

刀工，是伤害，还是关怀

时代发展到今天，除了在穆斯林地区以及有些少数民族地区宰杀牲畜还保持着某种仪式上甚至是宗教上的仪式，在广大民间的厨房里的切割已经很难看到“礼仪”的遗留身影。刀法，也早已成为厨师们行走美食江湖的一个基本技术标准，更多的时候，高超的刀法是一种充满营销式的揽客表演。

这其实并不是烹饪的真谛。

作为烹饪工作的一个前奏，刀法还是应有一定之规的。

通常情况下，现代刀法的讲究有横切、直切、斜切、剞切、花切以及旋风切。就连最普通的厨师也知道切割之刀的基本用法：刃切、背砸、面拍、柄敲以及尖剜等。

切的结果上则包括切片、切丝、切条、切块、切丁等。每一种不同的食材有着不同的刀法，同时，不同的切法又决定着菜品的不同走向，这些都是最朴素的基本功。

很显然，排除礼仪上的规制不说，确实，不同的切法烹煮出来的食物味道都有着明显的差异。仅以拍黄瓜为例，用刀的横面来拍的黄瓜显然比直切的黄瓜更能吃到黄瓜的清甜。

所以，真正称得上大师的烹饪师傅在刀法上不仅仅讲究切的薄厚和长短，更有着人文关怀的悲悯。本来寒光闪闪的刀锋已经充满冰凉，再硬生生地一刀下去，无疑透着人性的冰冷与杀气。它对也有着“灵性”的食物其实是一种无言的伤害。

在进行切割之前，虽然可以忽略传统礼仪上的繁文缛节，但善良的庖厨还应对食材有所体谅。他们不但要熟悉食物们生长的肌理，更要对食材保持一份尊重和敬畏。因此，在下刀的时候才好按照食物自然的纹理去切，让寒冷的刀刃尽量行走在食物纹理的空隙之间，而不要对它们的身体进行粗暴式的硬切。只有这样，才不至于对食材和它们的营养造成屠杀和虐待性的伤害，而如果对有的食材采用温暖的手掰似乎更能体现出一份人性化的温情。所以，“手撕包菜”传导出来的味道就多少带些食物未经伤害的天然味道。

在最后，需要提醒的是，大多的时候，厨师们为了形式的美感都喜欢将食材的边角和根部决绝地全都切去，这其实是一种粗暴的切割方式，从人文关怀的角度上，我们并不提倡这种伤害式的切割之法。

尊重食材的天然外貌和体型，不被整齐划一的形式左右，让每一种体型不一的食材都能施展它们的魅力，不仅是烹饪之道上应该考虑的课题，同时也是现代教育最应该研究的课题。

今天的我们，借助现代的科学，已经证实刀具的功用其实就是替代牙齿行使权力，在口腔中来回翻动的食物被咀嚼得越细碎，越有利于身体的吸收。但是，直到今天，我们仍然还保持有这样的困惑：被刀切后的食物，它的滋味和营养是否会造成大规模的流失，我们不得而知。

同时，刀切的过程是否会部分消解直接拿取食物来吃的幸福和快感，我们也难以判定。

我们不清楚，被后世尊称为“中国食圣”的袁枚在他的《随园食单》里为什么没有提到刀工。在《须知单》和《戒单》里都没有提到，他唯一一次提到刀，是在《洁净须知》里，但在此处他强调的只是刀具的洁净，而不是刀工。

不知道这么讲究的美食大师为什么忽略了食物的切割之术。

作为一个悬念，让它且保留一分玄学意义上的神秘吧……

第十二章

炉火上的世界观

火是将生食加工成熟食的先决条件，无火则无熟食，无火也就不会产生烹饪。

对于人类来说，火就像一个上天的使者，把人类从生食下的生存状态运送到熟食的环境中，从而使人类完成了一次伟大的熟食革命。

所以说，火对于人类的重要性，不亚于食物本身，几乎可以这样说，没有火就没有人类今天的文明。

如果说种植庄稼和驯化家畜是人类饮食第一次革命的话，那么，火的发明就是人类饮食的第二次革命。

被火改写的命理

最先的火不属于人类，也并不由人类的力量来掌控。于是就有了人类第一次获取火种的各种传说版本。

在西方的神话传说中，火是普罗米修斯从天神那里盗来的。

根据古希腊神话的描述，当时普罗米修斯制造了人类，由于宙斯认为被他欺骗了，作为对他的惩罚，宙斯拒绝给他创造的人类提供文明所需的最后物质——火。

但机敏的普罗米修斯为了人类的生存，只好想办法去盗火——他摘取木本茴香的一枝，走到太阳车那里。当普罗米修斯从天上飞过时，他将树枝伸到太阳车的火焰里，直到树枝燃烧——他持着这火种降到地上，把火带给了人类。

非常不幸的是，由于普罗米修斯犯了天怒，结果他受到了最恶毒的惩罚。

在东方传说中，火则是由中华民族的先祖之一“燧人氏”发明的。

东汉末年的史学大家谯周在《古史考》里是这样记载的：

> 太古之初，人吮露精，食草木实，山居则食鸟兽，衣其羽皮，近水则食鱼鳖蚌蛤，未有火化，腥臊多，害肠胃。
>
> 于使（是）有圣人出，以火德王，造作钻燧出火，教人熟食，铸金作刃，民人大悦，号曰燧人。

这就是中国关于燧人氏“钻木取火”的传说。

对比东西方两种关于火种起源的传说很有意味。

在西方的语境中，火不是人类自身发明的，而是由英雄的象征普罗米修斯从天神处偷来的。而且，在这则神话中，只回答了人类是怎么获取火种的，至于人类是怎么使用和管理火种的，没有交代。

中国的古老传说却不一样，在东方的语境中，火则是由人类自己发明创造的。所以，从燧人氏“钻木取火”的那一天起，火就是可以被中国先祖们掌控和管理的。

北京周口店遗址的考古发现以及中国民间数千年来一直延续使用的“钻木取火”实物也充分证明了这一传说的真实和可信性。

北京人用火证据的考古发现是全球公认的人类最早的用火记录。

周口店火的遗址还有灰烬、炭块和烧过的骨头和石头，这充分说明至少在一百万年前北京人已经懂得如何能够使用火。也就是说，那个时候，北京人已经学会了如何管理控制火。

而数千年来被中国民众一直所普及使用的“钻木取火”和“擦石取火”之法，也足以说明，火的发现就是通过人的智慧而实现的。人类通过自身的能力来创造世界，把命运掌握在自己手里，这正是东方文明的传奇之处。

从火诞生的那一天起，就标志着中国的远古人类从此踏上了一个新的阶段。

食物和火，是相遇还是守候？

在中国烹饪理论的体系中，“火候”是一个出现得相对较晚的概念，至少在隋唐时代之前还没有出现过。而且，最早出现的时候也不是作为一个烹饪概念出现的，而是道家的一个“炼丹”概念。

在一个习惯于用意象表达抽象理论概念而忽略或者不屑于“理性思维定义”的东方哲学语境中，从现有的古典文献中几乎找不到对“火候”的具体定义。而且，在说到“火候”这一词时，古人说得都相当模糊，这就给我们来定义它预留了一个可以任由发挥的空间。

那么，怎么来定义这个“火候”呢？

根据我们的理解，“火候”应该是指火的热力在作用于食物时所表现出来的气象，简单地说，就是在用火烹制食物时所表现出来的一个综合征兆。

它有两个决定性指标：一个是用火烧制的时间长短；另一个是火力的大小。

烧制时间的长短决定着食物煮熟的进度。譬如，一种食物在火上烧制十分钟和烧制二十分钟所反映出来的征象是不一样的——有的食物烧制五分钟就可能变熟，有的烧制五十分钟也不一定能熟。

火力的程度、大小又决定着烧制食物时所需的时间长度。

同一种食物，用大火烧制五分钟和用小火烧制五分钟的结果反应显然是不一样的。大火烧制，也许五分钟就可能使食物变熟；而小火烧制，五分钟也许才刚刚让食物的外部发热，离内心的成熟还远着呢。

所以，火候是一个充满抽象玄妙而又充满变动和辩证的一个概念，不同情况会有不同的反应，不能一概而论。

因此，这就决定了火候必须是火通过一种器皿在烧制一种物质（也许是丹药，也许是食物）时所反映出来的气象，也就是说它所指的是一种烹煮或烧制活动，而不是对火本身的一个定义，单独燃烧的一堆火不叫“火候”，只能叫火焰。

用火加工食物，至少有两层含义。

第一层是把食物弄熟，这个一般人都会，只是烧得好坏的问题。

第二层是用火把食物的味道和口感烧煮得美妙，这就对“火候”的把控提出了严格的要求。火候把控不住，就无法烧制出令人迷恋的美味芳香。

所以，从这个意义上来说，火候应该是精致美食主义时代的一个产物，它代表着一种饮食审美或者说是饮食追求。火候，其实就意味着对饮食的一种讲究，或者说，它就是一个技术指标，决定着食物最终烹制的结果。

火烧，是一场历练

今天我们所能了解到的上古人类烧制食物的手法非常简单，大抵是炮、燔和炙这几种方法。

当时，他们还没有煮制食物的陶罐类器皿，当然也没有灶具。他们要么用泥巴把食物包裹了往火里一扔，任凭火烧，烧到什么程度就是什么程度；要么用一根木棍叉着食物在火上直接烧制，烧熟一层就吃一层，就像今天我们看到的贝尔先生在电视节目《荒野求生》里所采用的方法那样。不过，现在想想，这种吃法也挺过瘾，像野炊一样，多浪漫呀。

对于谷物草籽类食物，他们就把谷粒摊在烧热的石头上去燔，看着大概差不多了，就拿下来吃。

这就是所谓的“石上燔谷”和“火上炙肉”的“石烹时代”。

这些当时古人烧制食物的方法在《诗经 · 小雅 · 瓠叶》里有清晰的记载：

幡幡瓠叶，采之亨之。

君子有酒，酌言尝之。

有兔斯首，炮之燔之。

这里提到的瓠，是一种类似葫芦的藤蔓类植物，河南本地俗语都称之为瓠子，娇嫩的时候可以食用，酸辣瓠子很好吃。成熟的果实晒干后切为两半，也可以做成瓢。

这首诗的意思是说，瓠瓜的叶子呀随风飘动，把它采摘回来呀细烹饪。君子家中的酒啊甜又美，满满地斟上一杯请客品。白色的野兔呀正鲜嫩，赶紧用火把它烤熟味道醇。

执爨踖踖，为俎孔硕。

或燔或炙，君妇莫莫。

为豆孔庶，为宾为客。

——《诗经·小雅·楚茨》

诗中提到的爨，有烧火做饭之意。北京郊区就有个爨底下村，是一个著名的特色旅游乡村；踖踖，意指恭敬不安的样子。

这几句诗要表达的意思是，掌膳的厨师动作娴熟，盛肉的铜器硕大无比，又是燔来又是烤。主妇怀着敬畏举止有仪，盘盏中食品多么丰盛，席上则是宾客济济。

在那些久远的年代里，对于以烧熟食物为第一目的的上古之人来说，果腹充饥是人类生存的第一法则，这一阶段的烹饪之法显然还没有进入到“候”的精致美食时代。

作为一项非常刺激食欲的烹饪手法，炮的烹饪方法一直被沿用下来，商朝时甚至演变为一种刑罚，这就是“炮烙之刑”。

到了周朝时，随着青铜器技术的手艺越来越高超，炮的烹饪手法得到了革命性的发展，这个时候的炮已经非常成熟和盛行了。中国古代最著名的宴席“周八珍”就有专门的“炮豚”和“炮羊”这两道菜。

在《礼记·内则》第十二篇中，详细地记录了这道“炮”的烹制方法：

> 炮：取豚若将[①]，刲之刳之[②]，实枣于其腹中，编萑以苴之[③]，涂之以谨涂[④]，炮之，涂皆干，擘之，濯手以摩之，去其皽[⑤]，为稻粉，糔溲[⑥]之以为酏[⑦]，以付豚，煎诸膏，膏必灭之；巨镬汤，

---

① 将：这里所说的将，根据考证，应为牂字，读作 zāng，指的是一种公羊。

② 刲之刳之：刲，读作 kuī，有宰杀之意；刳，读作 kū，有剖杀之意。

③ 萑以苴之：萑，读作 huán，意指密集生长的芦苇；苴，读作 chá，一种枯草。

④ 谨涂：谨是一个通假字，通堇，谨涂就是一种用草和土拌成的泥巴。

⑤ 皽：读作 zhāo，指皮肉之上的一种薄膜。

⑥ 糔溲：读作 xiǔsōu，就是用水调和粉面的意思。

⑦ 酏：读作 yǐ，就是一种稀薄的粥面糊糊。

以小鼎，芗脯于其中[①]，使其汤毋灭鼎，三日三夜毋绝火，而后调之以醯醢。

在周八珍中，八珍中第三道菜是炮豚，第四道菜是炮羊。这两道菜的做法差不多，具体的做法如下：

先取来小猪或小羔羊，宰杀后淘净内脏，把枣子塞进腹腔内，用芦苇编成的箔把它裹起来，外面再涂上一层掺有草秸的泥巴，然后放在火上烤，等到把泥巴烤干，将泥巴剥掉，然后把手洗净，把皮肉表面上的一层薄膜搓掉，然后再取来稻米粉，加水拌成稀粥，敷在小猪身上，放在小鼎中用油来煎，小鼎中的油一定要没过掉小猪。然后用一口大锅，烧开其中的水，将盛有小猪或羊脯的小鼎置于锅内，注意不要让水面超过小鼎的高度，以免进水。

这样连续加热，三天三夜不停火，将肉取出时就非常烂，吃的时候再用醋和肉酱来调味。

直到今天，炮的手法还在一些餐馆里使用，最著名的代表就是杭州的“叫花鸡”。从这道菜的做法上，我们依旧还能看到炮的影子。其实，即使如“锡箔烤鱼”这样的菜，也不外乎是这种“炮”法烹饪的一个演变。

① 芗脯于其中：芗读作 xiāng，芗的本意为一种用来调味的香草。这一句话的意思是，将小猪和小羊的肉放入鼎中煮制，使之香美。

火候，对食物的新阅读

在中国传统的语言和概念体系中，火有三种含义。

一种是作为古老哲学意义上的“火”，就是金、木、水、火、土五行中的“火”。

一种是中医理论上的“火”，如虚火旺盛。

一种是烧火做饭的“火”。

前两个“火”都是哲学体系中的“抽象之火”，不能用来烹制食物，只有烧饭之火才是物质世界的“具体之火”。

但是，一旦把烧饭的“火”和“候”联系起来，“火候”也变成了一个玄妙的抽象概念。它既不属于火，也不属于锅，也不属于食物。但它又飘动在灶台之上，时时刻刻在决定着一道菜肴的味道。

/ 1 /

尽管作为一个专业的烹饪术语，“火候”一词出现得较晚，但在古人具体的日常烹饪中，“火候”意识早已经反映在各种文献的记录和庖厨者的实践之中了。

按照标志性人物在历史上出现的先后顺序来说，最早将“火候”意识引入烹饪理论的是中华的烹饪始祖伊尹，伊尹是这么说的：

> 五味三材，九沸九变，火为之纪。时疾时徐，灭腥、去臊、除膻，必以其胜，无失其理。
>
> 鼎中之变，精妙微纤，口弗能言，志不能喻。若射御之微，阴阳之化，四时之数。故久而不弊，熟而不烂，甘而不噮[①]，酸而不酷，咸而不减，辛而不烈，淡而不薄，肥而不腻。

他的这一理论记录在大秦帝国时代吕不韦及其门客撰写的《吕氏春秋·本味篇》里。至于这段话到底是伊尹亲口说的，还是吕不韦的门客后来加上的，我们另行再论。仅从这段话中，就可以读出关于“火候”的几个重要核心点。

第一，所有食物的煮制和味道的变化，火是根本。即“火为

① 噮：读作 yuàn，足，厚的意思。参见《吕氏春秋》，中华书局 2011 年版，第 417 页。

之纪”，这是先决条件。

第二，用火煮制食物时，要有快有慢，既不是一味的慢火，也不是一味的快火，要“时疾时徐”。

第三，煮制食物时，鼎中食物汤汁的变化精妙而细微，简直无法用语言来描述和形容，即“鼎中之变，精妙微纤，口弗能言，志不能喻也”。

第四，烹煮的最理想的结果是食物的口感要好，即“久而不弊，熟而不烂，淡而不薄，肥而不腻”。

以上四点，应该是对“火候”最精到而经典的理解，直到今天，也没有人能超过这一经典。

但由于这一论述是在秦朝时由吕不韦的门客记录的，而且，本段话中的一些词语和说法显然都带有春秋战国时代的印痕，所以，这段话是否真由伊尹本人所说，就作为一个悬疑留给专家们来考证吧。

/ 2 /

这是按历史人物的顺序来说，如果按古典文献的先后顺序来说，最早把“火候”记录在册的，则应该是《周礼》。

在对“亨人”这一职务进行职责设定时，《周礼》是这么规定的：

亨人掌共鼎、镬，以给水火之齐。

这里的“亨”，就是“烹”。亨人，就是厨师的一种。

“镬”，就是指煮牲肉的大锅，形状就像没有腿的鼎。

这里的“齐”，当作“剂”来讲。汉代的学者郑玄注解说，齐的意思就是多少之量。

这段话的意思是说，烹人负责掌管供应煮肉时用的鼎和大锅，在具体煮肉时，负责掌控用水的多少和火力的大小。

根据这个职责描述来看，这个烹人负责的其实已经就是“火候”了。

我们知道，《周礼》是周公所作，周公就是周武王的弟弟，鲁国的创始人。《周礼》的这一套礼法都是由他编定的。到了春秋时期，孔子又对它进行了编撰整理。

这应该可以说明，在周朝，烹煮之时就已经非常注重“火候”了，而且，对水的剂量也有明确的控制要求，并已经有专门的官员来负责，只不过这个时候还不叫“火候”，而叫“水火之齐”。

/ 3 /

在周朝时，“水火之齐”不仅用来描述烹煮之事，这个“火候”判断之法也被用于酿酒活动中。《礼记·月令》篇在关于仲冬之月的诸事活动中就有这样的详细规定：

> 乃命大酋，秫稻必齐，曲糵必时，湛炽必契，水泉必香，陶器必良，火齐必得，兼用六物，大酋监之，毋须差贷。

这一段说的就是酿酒时必须注意的几个事项：命令负责酿酒的官员，在具体酿酒时，要求秫稻的多少必须合适；曲糵的制作必须及时；浸泡的米和炊蒸过程必须洁净；泉水必须甘美；陶器必须精良；蒸制时的火候必须严格把握，做好这六个方面，并做好监督，不得有半点差错。

可见，在这个时代，甚至更早的一个时期内，对“火候”的认知已经非常清晰了。

从具象的火焰到抽象的判断

尽管古人在烹煮食物时，早已发现并把握到了“火候”这一现象，但具体到“火候”这个词汇，却并不曾在烹煮方面的文献里出现过。

最早使用“火候”这一词汇的，还是热衷于炼丹的“道家”，后来，因为具有同理之故，便被饮食界的朋友引用过来，从而也成了一个烹饪术语。要说对中国饮食贡献的话，这也应该算道家对中国饮食文明的又一大贡献。

关于“火候”一词是怎么引入烹饪之道的，扬州大学当代烹饪理论的开创者季鸿坤老先生在他的《中国饮食科学技术史稿》已经梳理得非常详细。为了向这位已经故去的老先生表达一个后辈晚学的敬意，我们在这里直接引用他的原文：

隋唐时，炼丹术进入鼎盛时期，“火候”一词应运而生，不仅成为外丹家的要言妙道，同时反馈到它的历史源头——烹饪、食品加工、金属冶炼、陶瓷等工艺和技术部门，并且以更抽象的形式向内丹和其他领域渗透。

在外丹领域中，现在收录于明《正统刀藏》中的多种唐代炼丹著作，往往有专门章节阐述火候。例如，仅在清字号中就有陈少微撰的《大洞炼真宝经九还金丹妙诀》《大洞炼真宝经修伏灵砂妙诀》等都有专门的火候论述。同时在一些信奉神仙服食的文人诗作中，也开始使用“火候”这一词汇。[1]

最著名的代表就是唐代诗人白居易，他曾不止一次地在诗作中使用“火候”一词。如在《不二门》的诗作中，他就写道：

亦曾烧大药，消息乖火候。

至今残丹砂，烧干不成就。

在《天坛峰下赠杜录事》一诗中，他也提到了火候：

河车九转宜精炼，火候三年在好看。

他日药成分一粒，与君先去扫天坛。

---

① 季鸿昆:《中国饮食科学技术史稿》，浙江工商大学出版社 2015 年版，第 195 页。

与此同时，“火候”一词也开始用于烹煮食事。

譬如唐代的段成式就在他的笔记体小说《酉阳杂俎·酒食》中使用了火候一词：

> 贞元中，有一将军家出饭食，每说物无不堪吃，唯在火候，善均五味。尝取败障泥胡，修理食之，其味极佳。

在将军看来，世上之物没有不能吃的，只要火候到了，什么东西都能被烹制成美味。这虽然属志怪荒诞之言，却也有几分道理，如果火候到了，拌上辣酱，连泥土也能做出美味。

在众多的“火候”说中，最著名的恐怕要算是宋代的大文豪苏东坡先生了，他在黄州创制“东坡肉”时，曾经吟诵过一曲《猪肉颂》，至今仍被众多厨师们所熟悉：

> 净洗铛，少著水，柴头罨[①]烟焰不起。待他自熟莫催他，火候足时他自美。
>
> 黄州好猪肉，价贱如泥土。贵者不肯吃，贫者不解煮，早晨起来打两碗，饱得自家君莫管。

苏东坡在这里提到的火候，已然和一道菜品的具体做法联系

① 罨：读作 yǎn，捕鸟或捕鱼的网。

到了一起。“火候足时他自美”，意思是说，滋味美不美，关键就在火候。火候一词成了美食烹制的一项重要指标。

自此，火候一词就全面进入百姓大众的烹饪日常活动中，进而成为最最通俗普及的烹饪词。

让感觉在灶上飞一会儿

火候一词蕴含着不可言说的道，因为它不是一个静态的概念，也不是一个静止的状态，你无法用一个静止的思维来界定它，它一直处在不断的变化之中。

首先说“候”，候是一个时间概念，还是一个描述“等候”的概念，还是表述一个“气象”的征候概念？似乎各种含义都有一些。

再来说“火”。大小不同的火，在进行烹煮时，会有不同的表现。而且不同材质的燃料在燃烧时表现出来的情状也不一样，用木材烤制的烤鸭和用电炉烤制的烤鸭，它们之间火候的差异非常大。其实，即使同等材质的燃料在不同的灶台上表现出来的状况也不一样——家庭式的灶台和餐馆所使用的灶台表现出来的火候截然不同。倘若用家庭炒菜时的火候经验来判断和指导餐馆炒菜的火候把控，肯定炒不出上好的美味，甚至有可能把饭菜炒砸了。

所以，火候不是教条的、机械的火候，而是充满了辩证的、唯物的火候，离开了具体的灶台，火候不能存在。

清代的食圣袁枚对“火候”的论述得非常充分。在《随园食单》的须知单里，他是这么来描述火候的：

> 熟物之法，最重火候。
>
> 有须武火者，煎炒是也，火弱则物疲矣；有须文火者，煨煮是也，火猛则物枯矣。有先用武火后用文火者，收汤之物是也，性急则皮焦而里不熟矣；有愈煮愈嫩者，腰子、鸡蛋之类是也；有略煮即不嫩者，鲜鱼、蚶蛤之类是也。肉起迟，则红色变黑，鱼起迟，则活肉变死。屡开锅盖，则多沫而少香，火熄再烧，则走油而味失矣。
>
> 道人以丹成九转为仙，儒家以无过不及为中。司厨者能知火候而谨伺之，则几于道矣。鱼临食时，色白如玉，凝而不散者，活肉也；色白如粉，不相胶粘者，死肉也。
>
> 明明鲜鱼，而使之不鲜，可恨已极。

袁枚不但论述了火候的文武之别、先后之别、迟速之别，更重要的是，他还论述了在烹煮不同食材时火候的不同。

譬如，炒西红柿鸡蛋和烹煮鱼鲜时的火候完全不同，倘若教条化地用一种固定的火候，烹制出的菜品显然就难成美味。倘若因火候的把握出现偏差而造成失饪，那就十分可恨了。

尽管袁枚对火候的认识已经上升到一个辩证的层面，但在具体的实践上，显然没有他的家厨王小余对火候的认识更细致。

大概是因为常在灶台上临灶熏陶的原因，王小余对“火候”的见识远在袁枚之上。这一点，从袁枚给王小余写的传记《厨者王小余传》中可以看出某些端倪。

> 又其倚灶时，雀立不转目，釜中瞠也，呼张吸之，寂如无闻。眴（xuàn）火者曰“猛”，则炀者如赤日；曰“撤”，则传薪者以递减；曰“且然蕴”，则置之如弃；曰“羹定”，则侍者急以器受，或稍忤及弛期，必仇怒叫噪，若稍纵即逝者。

这段描述清晰地反映出了一个大厨在临灶烹制菜肴时的神情和状态，鲜活而生动地展现出了一个烹者对“火候”一丝不苟的态度。这段话再用白话文来看时会显得比较形象：

他倚在灶边，一条腿支撑着，一条腿抬着，目不转睛地盯着锅中的火候变化，几乎屏住呼吸，不敢有半点懈怠，别人和他打招呼，他也仿佛没有听到。

他对烧火的说，要大火，于是，灶下那个负责烧火的就烧得烈火熊熊，犹如正午炽热的太阳。他又说撤火，于是，那些负责烧火的又赶紧循序渐进地将火力降下去。他又命令说，把火停了吧，负责烧灶火的就赶紧将柴火丢弃，不再烧火。当他说“好了，饭可以了”，旁边的帮厨就要赶紧把盘子端上来，如果稍有耽搁，必被臭骂一顿。

整个烹煮过程，王小余如领兵打仗一样，要求必须做到令行禁止，不得有半毫差池。

在中华烹饪史上，这可能是对厨人的现场烹煮状态写得最为细致的一篇，也把王小余对火候的理解和要求描写得淋漓尽致。

其实，王小余的烹饪理念对袁枚的美食思想影响甚大，《随园食单》中的很多观点都受益于王小余。

火候的重要性自不待言，笔者在河北沧州曾亲眼看到麻酱工人现场制作麻酱，在炒芝麻时，芝麻出锅的时机极其关键，差一秒钟可能都会导致整锅芝麻尽废。早出一秒，则芝麻不焦，磨出的芝麻酱就可能会带麻皮；晚出一秒，就有可能使芝麻变老，那样，磨出的芝麻酱就会有些许的煳味儿。

这一点，就像我们自己在家制作油炸花生，眼看着熟了再出锅的时候，就已经发黑变老了。

因为火力会有一个惯性顺延，当在锅里炒制全熟时，在出锅的途中，由于热力的持续效应，菜其实已经老去。

所以，让火候自己在火之外再飞一会儿，才符合火候的真谛。

锅气是一种气味，还是意识流

虽然火候具有唯物性和辩证性，但具体到火候的征象来说，则又是一个“唯心”的概念。

同样的“火候”，不同的人看到的情状是完全不同的。由于个人的经验和对食材性质的了解都有偏差，所以也对火候的理解和掌控完全不同。比如一锅水煮鱼，也许有的人看到了七分熟，而在另外的人看起来，他可能看到的就是八分熟。

火候显然是一个基于唯物的客观的灶火之上的个人判断，它充满了极强的个性化色彩，故此，我们说火候好似被涂上了唯心主义哲学的色彩。

其实，对火候的判断，完全是第六感的行为，有时甚至就是一种无意识的判断，也许就是心念的一闪。

譬如，我们在煮一锅粥或者在炒一盘菜时，有时会盖上锅盖，由于锅盖被水汽覆盖，眼睛完全看不到锅中菜肴的变化。这时就要完全凭个人的心念和意识来判断。

我们把这个无意识的判断称为“锅感”。也就是说，火候其实就是一个厨者的“锅感”。

这类似于体育运动中的球感。打过球的人都知道，我们在打篮球投篮或者在踢足球射门的时候，或者在打高尔夫用一号木开球的时候，凭借的完全是球感。

鉴于此，我们说，火候是不可捉摸的，也是无法描述的，它作为一种意识流，一直在发挥着效力，但它又是无形的。正因如此，我们才在开篇中说，火候，从它产生的那一天起，就是一个虚泛的哲学概念。它不是一种量化的标准，也不是一个可以操作的说明书，即使一个人把一道菜的菜谱说得再详细，仅通过火候这个词，你也无法烹制出美味佳肴。

你可以描述它，也可以把握它，但却无法用主材半斤、辅材二两之类的明确数量去定量它。

也不能像中医大夫在熬制中药汤剂时要求的那样：大火烧开十五分钟，然后小火再熬二十分钟，只能用像“盐少许”这样模糊的字眼来概述。

所以，单凭一本菜谱中所说的火候，你无法烹制出符合说明书那样的美味菜肴。

总之，火候是无法言说的，就像一种佛理一样，可以“不立文字”，但你的心神却可以感知到。

意识决定味道境界

既然火候完全是一种基于个人经验的个性化判断，那么，对火候的感知和把握就意味着是有层次区别和水平高下之分的。

回到根本上，火候就是经验，就是一种个人功力的体现。

作为一种技术水平，火候意味着烹饪的境界，一如武侠界内功的高低一样。

灶台上的食物在烹煮的时候，它的每一次变化都会传达出一种信号，一个信息。对于这样的信息，只有技术高明和意识灵敏的烹者才能捕捉到。

万物皆有灵，天地间的每一种物什在变化来临之前，都会传达出一个信号，雨有雨信，风有风信，就连思念和爱情在来临之前也会提前发送信号。

有心的、有缘的、有灵性的就会在第一时间捕捉到，并能做出相应的反应和操作。所以，由于人的天赋不同，每个人的灵敏度和反应度也不同，具体到烹饪上，也就有水平层次的不同和境界的高低。

所以，不是每个人都可以达到烹饪的最高境界。一个好的厨师就像一个伟大的艺术家，一个音符、一丝热气、一个意念突然飘过或者闪烁时，他们就能迅速捕捉到它，并发现艺术的最终走向，从而抓住艺术之神的发丝。

抓住了它，就抓住了这充满神性的美。

故此，曾有人感叹说，通过知识的传授，培养出一个高考状元容易，但如果只是通过技术的教导，想培养出一个高明的厨师，那实在是太难了。

第十三章

味觉，矛盾的错觉

每一种食物都是独立的个体，都可以单独食用，这是一个非常浅显而朴素甚至是简单得不能再简单的常识了。

尽管在此之前我们已经论述了食物与食物间的搭配所遵照的原理，今天的人们在烹饪时，为什么会给食物配以各式各样的调味品？是为了下饭的需要，还是为了口味的需要？

味蕾的愉悦

我们通常所说的一道菜肴的味道大概有两层含义。

一层就是食材本身的味道，几乎所有的食材都有自己的本味，或苦，或甜，或酸，或咸。历史上通常所说的五味调和本质上指的就是食材味道的相互调和。

另一层含义就是调味品的味道，包括最基本的盐的咸、糖的甜、酱油的鲜、醋的酸等等。这些都是最基本的调味料，除此之外，还有各种植物类调味料，譬如肉桂、八角、香叶、胡椒和其他香料，当然也包括后来加工的各类调味品，如我们经常使用的味精、五香粉、十三香以及多种多样的调味料。

第一层次的五味调和强调的是食材间的相互融合，通过烹、煮、炖的方式让各种食物的味道融合到一起，从而产生出一种新的融合味。这个调和的目的主要是为了让各种食物能够相互体谅、相互包容、相互配合，以共同服务于人体的机理需要，提供延续生命所需的能量。它的发展路径逐渐和养生理念结合，最后成了一套独特的食疗和中医体系。今天，五味调和成为养生哲学和中医哲学共用的核心理论。

第二层次的调味，主要目的是为了愉悦舌尖，让舌尖产生兴奋，并将这种兴奋传输到各路神经，以刺激食欲。打个形象的比喻，就是通过各种诱人调味品的芳香，对味蕾形成一个艺术式的欺骗，让人欢快而享受地吃下去，说得通俗一点就类似于包个糖衣。

它满足的其实是味蕾的需要，也就是我们前面所说的口感了。

来自植物类调料的诱惑

人类在寻求味道的刺激之旅中，也采用大量的植物性调料，来给食物调味，譬如花椒、胡椒、肉桂等。

中国很早就开始使用这些植物调味品了，在古代，梅子是一种很重要的调料，不但烹制汤羹和鱼羹时用到梅，在喝酒时也要用梅子来调味。曹操和刘备青梅煮酒论英雄时，就用梅子来煮酒。

再譬如我们在前文中所引用的《左传·昭公七年》中的这样一段对话，里面也有梅子的身影。

> 公曰：和与同异乎？
>
> 晏子对曰：异！和如羹焉，水、火、醯、醢、盐、梅，以烹鱼肉，燀之以薪，宰夫和之。

除梅子外，中国的先人还发掘出了其他植物性调味品，譬如

《周礼 · 内则第十二》中所记载的：

脍，春用葱，秋用芥。豚，春用韭，秋用蓼。脂用葱，膏用薤。三牲用藙（yì），和用醯。兽用梅。鹑羹、鸡羹、鴽，酿之蓼。鲂、鱮（xù）烝，雏烧，雉，芗，无蓼。

这段话的意思是说，调制细切的鱼肉，春季用葱，秋季用芥菜。调制细切的猪肉片，春季用韭菜，秋季用寥菜。凝固的脂肪用葱来调味，油用薤来调味。牛羊猪三牲要掺入茱萸，用醋来调味。其他动物用梅酱调味。鹑羹、鸡羹等都要用寥菜掺和。鲂鱼可以蒸吃，小鸟可以烧吃，野鸡可以或蒸或烧或作羹来吃，这几种动物的调味品都要用香草调味，不用辛味调料。

这里就说得非常明白了，吃各类肉食时，都要用各种各样的香草调味品来调味，包括葱、薤、芥菜、梅子、蓼菜等。

这里解释一下几种不常见的植物。薤，是一种辛类的菜，叶子中空似葱而有棱，根似小蒜。藙，就是茱萸。蓼菜，一种草本植物，味辛辣。

除了上述的调味类植物外，《礼记》还提到了各种其他类型的植物性调料，譬如：

牛修、鹿脯、田豕脯、麋脯、麕脯。麋、鹿、田豕、麕，皆有轩[①]。雉、兔皆有芼。爵、鷃[②]、蜩[③]、范、芝、栭[④]、菱、椇[⑤]、枣、栗、榛、柿、瓜、桃、李、梅、杏、楂、梨、姜、桂。

（国君燕食所用的美味）有加姜桂捶捣的干牛肉、鹿肉脯、野猪脯、麇脯、獐子脯，其中的麇、鹿、野猪、獐子肉不但可以制脯，而且可以切成薄片生吃。雉鸡羹、兔羹都掺有蔬菜。还有雀、鹌、蝉、蜂、木耳、菱角、枳椇、枣子、栗子、榛子、柿子、瓜类、桃子、李子、梅子、杏子、山楂、梨子、姜、桂等。

可见，周代就已经用植物性调料来调制各种肉菜了。

到了汉代，张骞成功出使西域之后，伟大的丝绸之路从此打通中西的交流通道。在此背景下，大量的西域调味品都传入中国，丰富了中餐的调味内容和层次。到唐代时，更是达到了一个顶峰。

就在这一背景下，中餐的菜肴制作呈现出了中西味道融合的特征，最具代表性的就是胡椒的使用。

唐代的段成式在《酉阳杂俎》里清晰地描述过这一景象：

胡椒，出摩伽陀国，呼为昧履支。其苗蔓生，茎极柔弱，

① 轩：切成大片的肉。

② 鷃：读作 yàn，黄脚鹌鹑。

③ 蜩：读作 tiáo，古时指蝉。

④ 栭：读作 ér，即木耳。

⑤ 椇：读作 jǔ，即今天的鸡爪梨。

叶长寸半，有细条与叶齐，条上结子，两两相对，其叶晨开暮合，合则裹其子于叶中，子形似汉椒，至辛辣，六月采，今人作胡盘肉食皆用之。

可见，在唐代，只要吃食胡盘肉食，必须用胡椒来调味儿。

到了宋代，中原人民更是以此创造出了著名的“胡辣汤”。如今在河南每个地方的早餐里，都有胡辣汤。胡辣汤的烹制，那必须有胡椒来调味。

再后来，还有用各种鲜花以及带有香味的木本植物来调制饭食的味道，譬如宋代的《山家清供》里就有这样的记载，其中的一道吃食“梅花汤饼”比较有代表性。

《山家清供》里的原文是这样说的：

泉之紫帽山，有高人尝作此供。

初浸白梅、檀香末水，和面作馄饨皮。每一叠，用五分铁凿如梅花样者，凿取之。候煮熟，乃过于鸡清汁内，每客止二百余花。

可想，一食亦不忘梅。后留玉堂元刚亦有如诗：“恍如孤山下，飞玉浮西湖。”

意思是说，泉州的紫帽山，有高人曾经做过这种食品。最先用浸过白梅和檀香末的水，和成面做馄饨皮。每一叠面皮，用五分大小的梅花样铁模子凿成梅花的样子。放进锅里煮熟后，加入鸡汁清汤。每位客人仅限两百多朵花。可想而知，吃一次就忘不了。后来，留玉堂元刚也有此类吃法，并留有诗云："恍如孤山下，飞玉浮西湖。"就像在杭州的孤山下，一片片飞玉漂浮在西湖的水面之上。

这里有两种调味品比较奇特，一是白梅，一是檀香末。想来，用这两种奇香之物浸泡过的水，应该别有一番香味和雅趣吧。

到后来曹雪芹写《红楼梦》时，提到的各类五花八门的奇特调味香料就更多了。尤其是在郑和下西洋以及大航海时代之后，全球商贸联通，南洋的、非洲的、美洲的各类调味品争奇斗艳，把人们的味道生活粉饰得绚烂而多彩。

曾经跟随郑和三次下西洋的马欢，在他的《瀛涯胜览》游记里记录了大量各式各样的香料，限于篇幅，我们不再引述。

直到今天，我们还都用肉桂、八角、胡椒、辣椒等植物性调料来调拌我们的饮食生活。似乎，只有经过调味的食物，才能更加刺激我们的食欲。

但不幸的是，由于人类对味道的欲望无限扩张，随着大工业革命时代的全食物链普及，各类化工调味品也纷至沓来，就让人们的舌尖有些应接不暇了，以致后来疯狂地陷落迷失在"味觉"的刺激之中……

调味的层次与伦理

艺术都是有层次的。

就如同音乐，一双聪敏的耳朵总能从一首美妙乐曲中听出不同的层次，并能在每一个音符的飘动中分辨出每一种乐器的呼吸和叹息，就如同白居易在《琵琶行》里所描述的那样：

轻拢慢捻抹复挑，初为霓裳后六幺。
大弦嘈嘈如急雨，小弦切切如私语。
嘈嘈切切错杂弹，大珠小珠落玉盘。
间关莺语花底滑，幽咽泉流冰下难。

灵敏的舌尖也一样，能从一盘完整的佳肴中解析出不同的味道层次。一盘上好的美味，既有盐咸的稳重，又有醋香的曼妙，还有甜糖的飘忽和空灵。同时，还有八角的暗香和香草的幽香。

不唯如此，骄傲的舌尖还能分辨出十三香中每一种香料的前后顺序，就像排队一样，每一种香料因为厚薄浓淡的不一，它们排着队进入口腔时，像冲向沙滩的海浪一样循序渐进地冲击着舌尖的不同部位，给神经带来不同的愉悦体验。

更为神奇的是，有时，隔着八千里山河，优秀的舌尖都能分辨出香料的不同产地和不同年份，就像一个骄傲的品酒师一样，他能品味出一瓶“82 年拉菲”的产地和储藏室的朝向。也正如我们优秀的品茶师一样，在一杯清淡的茶香触碰到舌尖的一刹那，他就能感知到当时采摘她的那双手是姑娘之手还是妇人之手。

当所有调味品的味道散去之后，慢慢浮现出来的味道才是食材的本味。

因此，这就要求高明的烹调者必须精准把握每一种调味品的特性，它适合什么样的温度，适合什么样的浓度，在什么时间放什么调料，添加不同调料时是怎样一个顺序，是先用调料煨制，还是后期添加，都有一定之规。所以，在具体调味时，都要求一个高明的司厨者做到精准把控。

拿一碗羹汤来比喻，它是咸酸口的，还是酸甜口的，还是甜酸口的，每一种类型的要求都有着细微的差别。同样的一碗酸汤，是酸先入口，还是咸先入口，都有讲究。就像水果，苹果一入口的感觉是酸的，然后才会感觉到它的甜，而西瓜，一入口的感觉则是甜的。这是食物本身味道带给人感觉的差异，烹制的菜肴遵循的也应是这样一个原理。所以，调和五味不是简单的调和，而是要让他们遵循自然食物的味道原理，按层次、分批次带给人一种纯真的味道体验。这样的菜肴才称得上是味道丰富、饱满。

就如同北京涮肉的小料麻酱一样，别看一份小小的麻酱，却融入了不下十余种湖光山色的风情：咸的盐、甜的糖、酱的鲜、腐乳汁的醇以及韭菜花的缥缈等，如果再加上后期酸的醋、香的菜，就汇成了一曲曼妙的交响乐。京城各家涮肉名店如口福居、南门涮肉、满福楼、东来顺、羊大爷等，虽然都做麻酱，但味道却各有千秋，小料味道的层次也迥然有别。正因为麻酱味道的千般变化才使得京城数千家涮肉店千帆竞渡，让一锅平淡的涮肉幻化出万般风情……

调制一道菜需要有层次感。同样，调制一桌佳肴更要有层次感，注重百菜五味之间的相互协调和平衡。一桌之肴，不能都是咸口的，也不能都是甜口的，也不能都是酸口的。即便是山西人，也不能在一桌菜里，无论什么菜肴都加上醋。即便是川渝菜，也不能把所有的菜品都麻辣了。菜肴都是一个味儿的，这样的吃食未免太单一了。

菜都被一种味道控制着，这样的吃食就不是美食，倒更像是对味蕾的一种麻木和愚弄，尤其川菜本身就讲究一菜一格的，在这一点上，川菜名店眉州东坡酒楼对川菜的把握和理解就显得十分巧妙和到位。眉州东坡酒楼的菜肴虽然唤作川菜，但更多地融入了东坡先生对人生的理解与对世事风物的阅历与练达。所以，我们在此品到的更有一种东坡先生故乡眉州的山水味道和他笔下诗词文章的豪放。

所以，一桌菜，味道必须丰富，才能让味觉在不停的味道变幻中体验到滋味的鲜活和快活。同时，还要根据上菜的前后，注意把握味道的浓淡和薄厚。一桌之肴，不能平铺直叙地按照一个节奏来，要有起承转合、波澜起伏。如果将一桌宴席的味道都按照一个味道来上菜，食客在吃着吃着就会令舌尖不堪其重，不断地给舌尖以压力俯冲，就容易让舌尖陷于疲惫状态。就像我们在高速路上开车，一条直线下来，开着开着，神经就容易陷入疲劳驾驶的困顿中，神经逐渐就要变得麻木。吃饭也是这样一个道理，要不断地变换味道的层次，一会儿酸口，一会儿咸口，一会儿甜口，通过来回不停的变化，才能使味觉始终处在一种新鲜和兴奋中。只有做到了这样，一桌宴席才是成功和圆满的。

所以，陆文夫先生在他的小说《美食家》中写“美食家”朱自治对美食的讲究时，就曾提到一桌宴席的最后一道汤是不加盐的。在河南豫东地区的大型宴会上，在上最后一道汤时，高明的厨师都主张不加盐或少盐。因为这个时候，酒过三巡，菜过五味，经过各种菜肴和调味品的刺激之后，“舌尖们”都已经非常劳累了，有的甚至已经睡着了。这个时候，上一道清淡些的汤，能让舌尖迅速苏醒过来。

民间通常把这道汤唤作“醒神汤”。

另外，在调味的时候，还有一条必须遵循的准则，那就是“使之味入和使之味出”。这是厨师界公认的一条调味之法，意思就是说，味道浓烈的，使之味出，而对那些味道不明显的，要让外部的味道能够融进去。

有时，不是每种食材的味道都那么清晰和外露，有的食材的味道深藏于心，矜持而内敛；有的食材的味道则显露于外，热情奔放。有的食物的味道喜欢直来直去，开门见山；有的食物的味道则先抑后扬，后发制人。有的食材的味道习惯冲锋在前；有的食材的味道则喜欢隐藏于后。所以，面对不同的食材要有相对应的调味之法。

对于那些味道不太突出的，要讲究使之味入。譬如海参、燕窝、鲍鱼类山珍海味，它们的味道个性并不像有些海鲜那样味道突出于外，直接水煮了即可。这类海参如果要想烹制出绝佳的效果，就要先使之味入。京城著名的大董烤鸭店在烹制葱烧海参时，就做得分外神奇——各种外部的味道像针一样刺入海参的内部，所以，在吃食这道菜时，就分明能感觉到从外部融入的味道，然后才是海参的糯香。同时，外部融入的这个调料之味不但完全融于海参，同时还把海参内在很隐秘的味道激活了，实在是难得的上品之作。

葱烧海参虽然很多店都在做，但它们显然没有理解味道调试的哲理，所以基本上都不好吃，一入口，就是满嘴的海腥味儿，难以下咽。

总之，调味之法，不是一成不变的调料叠加，要根据不同的食材用不同的调味品和不同的方式去调制，甚至要把它上升到哲学的高度，甚至是拟人的情感高度来认识，任何一成不变的调味都是对美食的伤害和亵渎。

最后一点必须强调的是，无论怎样的调和与调味，都要遵循一个最根本的原则——“以人为本”。因为，所有的美味最后都是要给食客吃的，所以，在调味或调和菜肴之时，一定要根据食客的特征进行调制。一味地按照一个口味教条地来调制，不但不符合“一菜一格”的美食原则，也不符合“辨证施治”的美食养生原则。

民间流传的谚语“众口难调”，正反映出了大千世界、世俗人生，不同的人都有不同的口味偏好，故此，只有领悟了因人制宜、“看人下菜”的烹调之道，才算领略到了美食的真谛。

被绑架的美食

不可否认，由于我们对味道的过分迷恋和依赖，今天的我们正陷入一场“味觉制造”的窘境中。

在以麻辣为法宝、以化工调味品为烹饪调味之术的饮食江湖上，我们的味觉其实已经属于被制造的味觉。

从北京簋街走过，在满街飘荡的麻辣味道里，我们的味觉似乎迷失在餐馆们“制造”的味道幻象中。它像一种神经的致幻剂，让我们忽略了美食的本真意义，而不得不被制造的“味道”牵引着在美食的夜色里梦游。

无疑，麻辣精、化工调味剂是美食的两大灾难。

在今天的北京调料批发市场，即使剔除传统型的诸如辣椒、花椒、大料、桂皮等这些植物性调料，化工业制作的各类混合型调味品足足有两千多种。发达的现代化工业不但能模仿逼真的酸、甜、苦、辣等诸种味道，还能神奇地临摹各种动植物食材的原味儿。

在琳琅满目的调味品市场，你想要的味道应有尽有，如果你喜欢香蕉的味道，只需一小汤勺调味粉，用水搅拌，加上奶油，冻作泥浆状，你就可以吃到神奇的香蕉味冰激凌。

甚至，你如果想要失恋的味道，神奇的化工加工业也能给你完美呈现。

现代的人类味蕾几乎被各种复制的味道覆盖，以至于都忘记了食物本身的纯真原味。譬如一道麻辣的小龙虾或者一锅麻辣香锅，你大快朵颐之后，唯一记得的可能就是呼哧哧的辣和麻乎乎的麻。它们在一瞬间就将味觉全部麻翻，从而丧失了基本的判断力，剩下的就是机械地吃了。

其实呢，即使是那呼哧哧的辣，也有可能不是正经辣椒带来的，它可能就是辣椒精带来的迷雾。

然而，如今的美食江湖，论起美食武功，唯辣不破！高深莫测的辣在将一切美食武功味道全面覆盖的同时，还能将一切麻木失眠的味觉激活。

既然辣椒不可避免地在左右和影响着我们的味觉走向，成为拯救麻木味觉社会的一种辣宗教，那么，抛却这些伤叹与幽怨，在我们无力教育时代的前提下，我们就只有顺应味觉社会的需要，来正经地传播和布道一下“辣教”的普世教义。

辣椒之所以能成为“辣教”，那也是有原教旨的，不是随便就能成为一个美食教派的。

辣椒，不管是从墨西哥传来的，还是从印尼、泰国、印度传来的，还是云南、四川本土土生土长的，这些都不重要！关键是在数百年的生长繁衍中，经过中国人民的烹饪魔法，它已统治了全国各地的舌尖和腹胃，进而成为中国传播力最广、辐射面积最大的调味食材。

辣椒，它在中国业已演化成一场味觉的宗教运动，自创“辣教”一派，信众云集，尤其是新时代的都市青年男女一族，更是忠诚信徒。他们不知道也不想知道哪一种辣椒是正宗的原生态辣椒还是辣椒精，他们只想在不同的“辣教”庙宇里让迷茫的味觉享受着辣椒带来的味蕾狂欢，从而大汗淋漓地迎接着饭菜的“佛光”。

吃饱了，还有下一场麻木等待着去游戏与消耗！

在这样一种背景下，现在能够吃到食物原味的机会越来越少。我们几乎生活在一个完全被工业制造的味道世界里，就像我们越来越生活在一个虚拟的网络世界里一样，你可触摸到的事物尽管很逼真、很漂亮、很诱人，但它们都不是真实的，它们都是生活的幻像。

如今，也许只有回到古老的家乡或者走到偏僻的乡野时，才能吃到那种令人心灵一震的菜香：哦，原来这才是食物的味道！

究其本质，食物才是一桌菜的根本，而味道就是飘荡在食物之外的“食外之物”。我们需要吃的是食物本身，而不是食物之外的“假饭”。

但是，现代工业以及后现代工业的调味技术，已经把我们的胃口弄得从过去对食物的依赖完全过渡到对味道的迷恋。我们在味道的强烈诱惑下，对一席菜肴的评价标准早已经从“饭怎么样”变成了“味道怎么样”。

从食物的最初功用上来说，它本是滋养人类身体的，生命的存活和延续需要的是食物本身，而不是它之外的味道。可是，人类又是怎样一步步走到现今这种对味道的追逐和迷恋的境况之上的呢？

答案尚在冬日的寒风中飘……